哈佛职场情商课

恢复力
RESILIENCE

哈佛商业评论 情商系列

HARVARD BUSINESS REVIEW
EMOTIONAL INTELLIGENCE SERIES

[美] 丹尼尔·戈尔曼（Daniel Goleman）
杰弗里·A. 索南费尔德（Jeffrey A. Sonnenfeld） 等 著
郑澜 译

中信出版集团 | 北京

图书在版编目（CIP）数据

恢复力 /（美）丹尼尔·戈尔曼等著；郑澜译 . --
北京：中信出版社，2020.1
（哈佛职场情商课）
书名原文：Resilience
ISBN 978-7-5217-0916-2

Ⅰ. ①恢… Ⅱ. ①丹… ②郑… Ⅲ. ①心理压力—调节（心理学）—通俗读物 Ⅳ. ① B842.6-49

中国版本图书馆 CIP 数据核字（2019）第 261413 号

Resilience
Original work copyright © 2018 Harvard Business School Publishing Corporation Published by arrangement with Harvard Business Review Press
Simplified Chinese edition copyright © 2020 CITIC Press Corporation
All rights reserved.

本书仅限中国大陆地区发行销售

恢复力

著　者：[美] 丹尼尔·戈尔曼　[美] 杰弗里·A. 索南费尔德　等
译　者：郑澜
出版发行：中信出版集团股份有限公司
　　　　　（北京市朝阳区惠新东街甲 4 号富盛大厦 2 座　邮编　100029）
承　印　者：北京通州皇家印刷厂

开　　本：787mm×1092mm　1/32　　印　张：4　　字　数：50 千字
版　　次：2020 年 1 月第 1 版　　　　　印　次：2020 年 1 月第 1 次印刷
京权图字：01-2019-2960　　　　　　　　广告经营许可证：京朝工商广字第 8087 号
书　　号：ISBN 978-7-5217-0916-2
定　　价：36.00 元

版权所有·侵权必究
如有印刷、装订问题，本公司负责调换。
服务热线：400-600-8099
投稿邮箱：author@citicpub.com

目 录

推 荐 序   III

一

黛安娜·库图 | 文

恢 复 力 的 作 用 机 制
有恢复力的人具备的三种特质   1

二

丹尼尔·戈尔曼 | 文

人 人 适 用 的 恢 复 力 培 养 守 则
训练你的大脑   31

三

戴维·柯潘斯 | 文

恢 复 力 的 评 估 、 管 理 与 训 练 方 法
有条理地训练   39

四

希拉·赫恩　｜　文
道格拉斯·斯通

在批评中寻求自我提升之道
将艰难的反馈转化为成长　　　　　　　　　　49

五

杰弗里·A.索南费尔德　｜　文
安德鲁·J.沃德

反击的艺术：伟大的领导者如何在遭遇困难后绝地反击
学会应对重大职业挫折　　　　　　　　　　69

六

肖恩·埃科尔　｜　文
米歇尔·吉兰

恢复力是振作，而非忍受
不要硬扛　　　　　　　　　　　　　　　　107

推荐序

关于情绪智商（EQ），我有太多的话要说。我好想与初入职场的人分享情商的概念。我甚至抱着一种但愿你能早一点知道的心情推荐这套书。

记得几十年前，在一档广播节目中，我听到飞利浦公司的副总裁罗益强先生说，以前要想成功，需要的是"努力工作"（work hard）。以后要想成功，努力工作还不够，还要"聪明工作"（work smart），他接着说。但是以我们的成长过程而言，聪明工作是一件很不容易的事。

我很想加一句话，那就是，我们中国人在一切为考试、事事为进名校的过程中长大，聪明工作更不容易。

聪明工作需要热爱与全心投入自己的工作，需要从工作中获得一种幸福感（快乐）。人本心理学家马斯洛曾说："世界上最幸福的事，就是有人付钱让你去做你喜欢做的工作。"我们有多少人选择的是自己喜爱的工作？

聪明工作需要有自信与毅力，需要会沟通和赢得他人的合作。当你受到挫折，陷入低潮时，需要学习激励自己，重新站起来；甚至因此学到一课，变得比以前更好，更能发挥潜力。在只会读书，只注重分数的氛围中长大的人，这方面好脆弱！

聪明工作需要学会培养良好的人际关系，需要发挥正向的影响力、领导力，像是激励他人，赞赏他人。功课好的人通常只想到自己，因为用功读书的时候他常常一个人，想到的常是自己。后来也就很欠缺同理心，很难成为领导了。

谈到这里，我已经忍不住想问，我们过去在学校、在家中，以及后来在工作中，用了多少时间与精力，培养以上这些关键能力？

很多人以为一个人情商高就是少发脾气。其实不发脾气只是最基本的起点。接下来自信、幸福感、同理心、领导力才是情商的枢纽。

有人在2000年即将来临时问管理大师彼得·德鲁克，21世纪与上一个世纪最大的不同会是什么？德鲁克回答说，在21世纪，工作的开始才是学习的开始。

学完物理、化学、会计、电子机械之后，踏入职场，你面对的将不只是一份工作，你面对的是条漫长的学习之路。那是一条通往成功之路。这条成功之路的里程碑就是：毅力、恢复力、影响力、领导力与同理心。它的终点站是快乐和幸福。

黑幼龙

卡内基训练大中华地区负责人

黛安娜·库图(Diane Coutu)｜文

恢复力的作用机制

职业生涯初期，我在一家面向全国发行的杂志社从事记者工作。社里有位同事，我暂且称他克劳斯·施密特（Claus Schmidt），他50来岁，与我心目中理想的新闻工作者形象不谋而合。他有时愤世嫉俗，却对世界永远保持着一颗旺盛的好奇心；经常说着硬邦邦的冷幽默，却因此更添喜感。此外，无论新闻报道还是深度文章，他都信手拈来，文笔犀利，却又不失优雅，令我只能望其项背。但我一直想不明白的是，为什么像他这样的人才，迟迟没有被提拔为执行主编？

于是，我咨询了一些更了解克劳斯其人的同事。在他们眼中，克劳斯不仅不是新闻工作者的典型代表，反而是一个在职场中沉浮的幸存者。除了常年忍受不重视人才的企业文化外，克劳斯还先后经历了三次领导层更迭，他在职场中结识的大多数同事与好友也已相继离职。不仅如此，克劳斯还育有三个子女，其中一个不幸死于车祸，剩下的两个又罹患不可治愈的顽疾。尽管"内忧外患"，克劳斯仍旧不厌其烦地指导新人，还笔耕不辍地写着小说。或许正是因为现实如此惨淡，他才选择一心扑在杂志社的工作上。

克劳斯的例子发人深省，为什么有些人即使身陷困境，也不会被困难击倒呢？克劳斯本可以选择一种截然不同的生活方式，这些方式其实并不让我们感到陌生：有人被裁员后从此一蹶不振，有人离婚后陷入抑郁，不得不停工休养几年。面对像克劳斯这样的人，我们都不免想问他这样一个问题：为什么你没有被生活打垮呢？换言之，一个人究竟需要具备怎样的品格，才敢于直面惨淡的人生呢？

自从小学时第一次听到"犹太人大屠杀"幸存者的故事，这个问题便一直深深地吸引着我。大学期间，以及后来在波士顿心理分析学会研究所做附属学者[①]期间，我都曾先后研究过这个问题。然而，就在过去几个月间，随着恐怖主义、战争和经济衰退问题的日益凸显，"心理

---

① 附属学者（affiliated scholar），在美国高等院校或研究机构中从事研究工作，不作为正式员工享受全职待遇的职称。——译者注

恢复力"的研究工作也变得空前紧迫。为此，我不仅研究了个人的心理恢复力，还从整体层面上探讨了为何某些组织拥有超常的恢复力。通过研究，我希望重点回答的问题包括：为什么有些人和组织在压力下依旧能泰然自若？他们究竟是凭借什么在压力下收放自如？

经过研究，尽管我收获了许多关于"恢复力"的知识，却也必须承认，我们每个人在这方面都将学无止境。事实上，心理恢复力可谓是人类身上最难解的谜题之一，其玄妙之处完全不亚于创造力和宗教感知。但通过阅读大量心理学研究著作，并反思发生在自己身边的诸多故事，我不仅对像克劳斯这样的人有了更深的认识，也对人性有了更深刻的洞察。

有关"恢复力"的讨论

如今，"恢复力"是商业领域最受瞩目的话题之一。就在不久前，我曾与某知名咨询公司的一位高级合伙人讨论，如何才能吸引最优秀的MBA（工商管理硕士）毕业生前来就业。我们暂且将这位合伙人称为丹尼尔·萨瓦若（Daniel Savageau）。交谈期间，他列出了一长串咨询公司期望的理想员工品质，如智商高、志向远大、性格正直、逻辑分析能力强等。听完这番话，我忍不住问他："那恢复力呢？"只听他答道："这是时下流行的新词，甚至还有求职者主动向我们表示自己具备恢复力。但坦白说，他们阅历太浅，还无法充分了解自己。恢复力是这样一种东西：只有当你亲历了某项重大挫折，回过头来看时，才能知道自己有没有恢复力。"

我继续追问："如果有机会的话，您愿意亲身试验一下自己是否有恢复力吗？商业领域真的看重这项品质吗？"

萨瓦若顿时陷入沉思。此时的他年近50，事业和家庭春风得意，但一路走来也并非一帆风顺。他出生于美国罗得岛州文索基特市的一个加拿大籍法裔贫困家庭，6岁丧父。进入波士顿大学就读后，虽然有幸凭借橄榄球特长获得奖学金，却又因酗酒问题被校方两次劝退。20来岁的他，已经结婚、离婚又再婚，并育有5个子女。参与创建目前这家咨询公司前，他曾先后两次破产。沉思过后，萨瓦若终于说道："没错，恢复力真的很重要。事实上，它的重要性比我们通常所看重的其他品质甚至有过之无不及。"就在这篇文章准备刊载之前，我又听到了与萨瓦若一模一样的观点。这次说话的人是适应性学习系统组织总裁兼首席执行官迪安·贝克（Dean Becker）。这家企业已有4年历史，地点位于宾夕法尼亚州普鲁士地区，致力于开发、提供恢复力培训课程。对于自身秉持的信条，他们这样描述道："教育、培训和工作经验都不足以决定一个人成功与否，关键决定因素在于一个人是否有恢复力。这不仅适用于癌症病房，也适用于奥运会赛场和企业董事会。"

有关恢复力的学术研究大约始于40年前，其中以明尼苏达大学名誉教授诺曼·加梅齐（Norman Garmezy）的研究成果为代表。他研究了许多成长于精神分裂症患者家庭的孩子，探寻他们为什么能保持心理健康，最后得出结论：在保持心理健康方面，恢复力这项品质所起的作用最为显著。

发展至今，有关恢复力的学术研究重点已逐步转移到"恢复力究竟由哪些因素构成"上。波士顿心理分析学会研究所前所长莫里斯·范德浦（Maurice Vanderpol）发现，许多"犹太人大屠杀"集中营幸存者都具备一项被他称为"弹力盾"的品质。这块"盾"由若干部分构成，其中就包括幽默感。这通常是一种黑色幽默，却能助人形成一种重要的主观感受。其他核心组成部分包括与他人建立亲密关系的能力，以及开辟出一块心理空间，用以保护自身免受施暴者侵扰的能力。针对其他人群的研究也揭示出另外一些与恢复力有关的特质。关注年轻人恢复力问题的明尼阿波利斯市非营利组织"追寻研究所"发现，恢复力越强的孩子，越擅长以不寻常的方式向成年人寻求帮助。其他一些研究结果表明，能够保持内在恢复力的年轻人通常在体育等方面拥有天赋，并能因此吸引他人的关注。

有关恢复力的多项早期理论不约而同地强调了遗传因素的重要性。换言之，一些人生来就有恢复力。当然，该理论不无其正确之处，但越来越多的经验性证据表明，无论是孩子、集中营幸存者，抑或从破产边缘绝处逢生的企业，均可后天习得恢复力。例如，哈佛大学医学院成人发展研究中心主任乔治·瓦利恩特（George Vaillant）在一项历时60年、针对多组研究对象的跟踪研究中观察到，随着年龄增长，一些人比另一些人的恢复力有了更显著的提升。其他心理学家也表示，一开始恢复力较弱的人，比一开始恢复力更强的人更容易在恢复力的培养上取得明显进步。

在我接触到的恢复力相关理论中，大多数都与常识相符。但我也观察到，几乎所有理论都认为，有恢复力的人具备三种特质：一是对现实有着强大的接受力；二是深信生活有意义，且通常这种信念的背后由若干强大的价值观支撑；三是具备强大的随机应变能力。一个陷入困境的人若想及时抽离，只需具备其中一两项特质。但要想真正拥有恢复力，必须同时具备上述三种特质。这些特质同样适用于组织恢复力。接下来，我们将分别探讨这三种特质。

面对并敢于接受现实

人们通常认为，恢复力是乐天派性格的一种自然体现。这种观点不无道理，但前提是当且仅当一个乐观主义者能够正确认识现实。极端情况下，过于天真的幻想正是引发灾难的导火索。在这一点上，我立刻想到的负面代表就是《从优秀到卓越》(*Good to Great*)的作者吉姆·柯林斯（Jim Collins）。身为管理学研究者与作家，柯林斯在这本书中探讨了一些公司如何从平庸走向卓越。在（错误）直觉的指引下，柯林斯认为：一些公司之所以有恢复力，是因为其中聚集着乐观主义者。为了验证自己的观点，柯林斯访问了美国海军上将吉姆·斯托克代尔（Jim Stockdale）。越南战争期间，斯托克代尔曾被"越共"组织关押、折磨长达8年。

据柯林斯回忆，当时采访的情形如下。"我问斯托克代尔：'没能活着从战俘营里回来的人都是谁呢？'斯托克代尔答道：'哦，答案很简单，没能活着出来的都是那些乐观主义者。他们先是以为在圣诞节前就能出去，后来又安慰自己，等到复活节就行。接下来，这个出去的日期又相继变成了独立日和感恩节，直至眼看又一年的圣诞节来临。'然后，只见斯托克代尔看着我，补充道：'我觉得这些人最后可能死于伤心过度。'"

柯林斯发现，自己研究的全球最成功的企业高管无不适用这项结论。正如斯托克代尔一样，有恢复力的人对现实有着非常清醒且实际的认识，正是这些认识，帮助他们在困境中存活下来。但柯林斯也表示，乐观主义并非一无是处。例如，为士气低落的销售团队描绘出一幅充满无限可能的前景，无疑有助于鼓舞士气。但面对更大的挑战时，保持冷静甚至近乎悲观的现实感，则显

一　恢复力的作用机制

得更为重要。

读到这里，您或许会扪心自问："我自己真的看清并接受现实了吗？我所在的组织，又做到这一点了吗？"如果你能问出这些问题，就已领先许多人一步，因为研究显示，大多数人总是下意识地否定并逃避现实。真真正正地面对现实，不仅让人感到精神不悦、痛苦，甚至堪称残酷。通过阅读下面这则有关组织恢复力的故事，相信你将对何为"面对现实"拥有更进一步的认识。

2001年"9·11"事件发生前夕，全球知名投资银行摩根士丹利公司是美国世贸中心大楼最阔气的租客，约2 700名员工在大楼南座22层工作。事件发生的当天上午8点46分，第一架飞机撞上大楼北座。仅1分钟后，摩根士丹利随即疏散员工。15分钟后，当第二架飞机撞上大楼南座时，摩根士丹利的办公室早已人去楼空。据称，此次恐怖主义袭击事件中，摩根士丹利仅失去了7名员工。

当然，我们大可说摩根士丹利纯靠运气，毕竟其办公室在大楼南座,而非最早遭受重创的北座。毕竟,另一家金融服务公司康托·菲茨杰拉德不幸位于大楼北座,来不及做出任何应对措施,便已成为恐怖袭击的受害者。尽管有幸运女神加持,摩根士丹利的"硬派"务实作风仍是让该公司虎口脱险的关键之一。1993年世贸中心发生爆炸案以来,摩根士丹利的高级管理层便意识到,在美国地标性的商业中心工作,必定使公司容易成为恐怖分子关注和袭击的潜在目标。

有鉴于此,摩根士丹利启动了一个应急预备项目。此前,逃生演习在绝大多数公司都形同虚设。然而,摩根士丹利个人投资者事业部安保副总裁里克·莱斯科拉(Rick Rescorla)以军事纪律要求做好公司安保工作。莱斯科拉本人是一名心理素质极佳、荣获多枚勋章的越战老兵。借助该应急预备项目,他让公司上上下下的员工练就了一身灾难逃生的本领。"9·11"事件发生时,尽管世贸中心大楼物业管理的一些高管为了安抚大家的情绪,企图以"一切正常"息事宁人,但莱斯科拉凭借对灾难的敏锐嗅觉，号召全体员工保持冷静，并按照此前充分演练过的逃生程序撤离现场。令人悲痛的是，为了坐镇员工撤离工作，莱斯科拉最后竟成了未能生还的那7人中的一员。他的感人事迹被各大媒体竞相报道。

摩根士丹利总裁兼首席运营官罗伯特·G. 斯科特（Robert G. Scott）事后评论道："金融服务业受技术影响极大，制订应急计划因而成了日常工作中的重要组成部分。"摩根士丹利的确做到了未雨绸缪。它一共建了三个"恢复区"，以备员工在工作场所受到扰乱时进行转移、汇合。"就算在9月10日当天，这么多个恢复区看似还多此一举，"斯科特不得不承认，"但等到9月12日，它们就成了人们眼中天才般的杰作。"

或许的确如此。作为一个组织，摩根士丹利拥有当之无愧的恢复力。事实上，如果我们真的敢于面对现实，就会有勇气从多方面做好防范工作，以便我们挺过一次次非常时刻。假如等到灾难发生时才开始学习如何生存，恐怕已经太迟。

追寻人生的意义

清醒正视现实的能力与构成恢复力的第二块基石密切相关,这第二块基石即在困境中寻找人生意义的态度。我们身边都有一些这样的人,他们一遭遇困境,便会束手无策,只知道放声大喊:"为什么这种事要发生在我身上?"这类人喜欢扮演受害者的角色,即便经历再多困境,也不会从中获得任何长进。与此截然不同的是,有恢复力的人会将自身的惨痛遭遇进行重构,转而从中为自己及他人获得某种意义。

我有一个朋友,不妨称之为杰姬·奥伊修克斯(Jackie Oiseaux)。过去10年间,她的精神病反复发作,最后才被确诊为双相情感障碍。如今,她已是美国某顶尖出版公司高管,家庭圆满,并在教会中担任要职。每当人们问她当初究竟是如何触底反弹时,她总会一边撩着头发,一边说:"人们有时会问'为什么这种事会发生在我身上',但我总是问'凭什么这种事不会发生在我身上呢'。没错,生病期间,我的确失去了很多,却也同时收获了更多。比如,我结交了一些朋友,他们陪我度过人生中最灰暗的时期,并使我的人生永远地有了意义。"

许多研究共同发现,正是借助这种追寻意义的方式,有恢复力的人才能将眼下的困境与未来更美好的生活联系起来。这些联系使眼下的困境变得可控,并使人觉得当前的一切也并非那么可怕。关于这一点,奥地利精神分析学家、奥斯威辛集中营幸存者维克多·E. 弗兰克尔(Viktor E. Frankl)有过优美的文字表述。在集中营漫长的痛苦岁月中,弗兰克尔自创了一种"意义疗法"。这种人性化的治疗技术能帮助个体做出有助于改善人生体验的各项决策。

在其著作《活出意义来》(*Man's Search for Meaning*)中,弗兰克尔描述了自己在集中营里发明"意义疗法"的灵光一现。当时,他正在去工地的路上,认真思考着要不要用自己的最后一根香烟换一碗汤。他还听说,这天工地上会新来一位极其变态的工头。他不知道这位工头会对自己做出怎样的事来，内心惴惴不安。就在这时，他突然一阵反胃，为自己的人生竟变得如此琐碎、无聊而感到不齿。与此同时，他也意识到，为了撑到最后，他的人生不能失去目标。于是，弗兰克尔开始想象战争结束后的情景，想象自己向人们做着集中营心理学讲座，帮助他们了解他在集中营里究竟经历了什么。尽管他甚至不确定自己能否活着出去，却依旧为自己定了几个具体目标。就这样，经过这一刻，弗兰克尔正式从受难者的心理角色中挣脱出来。正如他在书中写的那样："即使陷入无望的境地，即使面对既定的命运，我们也不能忘记，人生总有意义。"

如今，弗兰克尔的理论为大多数商业领域的"恢复力教练"所用。事实上，对于商业领域如此频繁地运用弗兰克尔的理论，我感到惊讶不已。对此，美国加利福尼亚大学欧文分校心理学教授、加利福尼亚新港滩"顽强力研究所"主任萨尔瓦托雷·R. 马迪（Salvatore R. Maddi）解释道："恢复力训练又称'顽强力训练'，是帮助人们为日常生活赋予意义的技巧之一。在人们领教了这种训练的力量后,总会问我:'博士,这就是心理治疗吗?'但事实并非如此。接受心理治疗的人已经无法正常生活,需要心理治疗师帮他们将分崩离析的生活修补好。相比之下,我们的工作则是向人们展示生活的技巧与态度。也许你会认为,这些东西在家或学校里都能学到,但其实家长和老师并没有教我们这一切。无奈之下,我们只好通过商业培训的方式来传授这一技巧。"

不过,恢复力培训讲师面对的困难或许比我们想象的还要多。人生的意义捉摸不定,即使被你找到一次,以后也不知是否会变,或下次还能不能被你找到。以亚历山大·索尔仁尼琴(Aleksandr Solzhenitsyn)为例,他经历了"二战",又从古拉格集中营中幸存下来,最后还战胜了癌症。但当他被安置在佛蒙特州一个祥和、安全的农场后,却怎么也不能忍受他笔下这"孩童般无忧无虑的西部"。面对自由自在的西部生活,他不仅找不出任何真正的意义,反而觉得这种生活"轻浮且具有破坏力"。在其批评者的口诛笔伐下,索尔仁尼琴选择在农场中闭门不出,并逐渐远离了大众视野。直至1994年,境况悲惨的索尔仁尼琴不得不搬回俄罗斯定居。

鉴于在所处环境中寻找意义对于恢复力的构建如此重要,我们便不难得出这样一项结论:最成功的组织和个人,也必然有着强大的价值体系。强大的价值体系之所以能够向周遭环境注入意义,是因为它们为组织或个人提供了解读、重构事件的多种途径。尽管当前的社会风气对价值体系表示不屑,但基于我们此前的认识,就不难理解为什么天主教会才是全世界最具恢复力的组织。经历了战火的淬炼和腐败的侵袭,天主教会至今已存续2 000多年。支撑其屹立不倒的东西,正是其坚不可摧的价值体系。基业长青的企业也有自己秉持的信条,使之不至于沦为只知道赚钱的机器。令人震惊的是,许多企业都将自己的价值体系视若宗教教义般神圣不可侵犯。例如,制药行业巨头强生公司在入职培训时,会向每位新员工讲述公司秉持的"信条",并发放相关书面文件。

美国UPS快递公司亦日复一日地宣讲着自己的"崇高宗旨"。

对有恢复力的企业而言,其价值体系并不随着时间的推移而改变,并被用作困境中的指路牌。UPS快递公司主席兼首席执行官麦克·埃斯丘(Mike Eskew)坚信,帮助公司从1997年发生的重大罢工事件中恢复过来的,正是其奉行的"崇高宗旨"。他表示:"当时情况非常艰难,犹如家族内斗。平常与你并肩作战的亲密同事,此刻可能处在与你对立的派系中。所幸,最后'崇高宗旨'救了我们。无论如何站队,所有人有着一套共同的价值体系。这种价值观坚如磐石,是我们职业生涯中奉行的核心价值,并促使我们做出多项重要决策。我们的战略和任务可能发生改变,但我们的价值观永远不变。"

不过,诸如"信条"、"价值"和"崇高宗旨"等具有宗教含义的字眼,并不等同于实际的价值观内容本身。即便一家企业奉行的价值观有违道德,也不妨碍其拥有强大的恢复力。以跨国烟草公司菲利普·莫里斯为例,面对日渐高涨的民众不满，这家企业展现出了惊人的恢复力。正如吉姆·柯林斯指出的那样，菲利普·莫里斯公司拥有非常坚定的价值观，尽管这种价值观或许无法让人苟同，如"烟草是成年人的自主选择"等。但毫无疑问的是，公司高管坚守这套价值体系，其信念之深，成功使菲利普·莫里斯与其他烟草公司区别开来。说到这里，值得注意的是，恢复力与道德是否正确无关，而仅仅是适应高压与变化环境的一种技能。这与维克多·E.弗兰克尔在书中提及的内容相吻合："从平均情况来看，能撑到最后的囚犯，都是那些在不同集中营中辗转煎熬，为了求生而渐渐丢弃所有道德束缚的人。为了自保，他们随时可以无所不用其极，而不管这些手段是正直、邪恶还是残暴的。我们这些活着出来的人心里明白，我们之中那些品行最优的人，最后都没能活到今天。"

无论正面或负面，坚定的价值观都比拥有心理素质强的员工更能使一个组织具有恢复力。即使一个组织聚集着众多有恢复力的员工，但只要他们对现实的理解不同,其决策和行为也将发生冲突,进而影响其所在组织的生死存亡。当一个组织弱点凸显时,具有高度恢复力的员工为了自保,反倒更倾向于舍弃组织。

将创造当作一种习惯

构成恢复力的第三块基石是充分利用手头资源的能力。这种能力又被心理学家称为"即席创作"(bricolage),由法国人类学家克劳德·列维-斯特劳斯(Claude Levi-Strauss)首创。[1]有意思的是,这个词汇的词根有"弹回"之意,与恢复力的概念紧密相连。列维-斯特劳斯称:"古时候,动词'bricoler'总是被用来指代那些突如其来的瞬间,比如一个球猛地弹回,一只狗突然找不着北,或是一匹马嘶吼着避开赫然映入眼帘的路障。"

现代语义下的"bricolage"引申为一种创造力,即在没有明显或现成方法的情况下,一个人临场发挥、解决问题的能力。"即席创作者"总是停不下来,比如为自家电视安装无线电波接收器，或是自己修车。他们最大限度地利用着手头的资源，将常见的物品用作不平常的用途。以集中营为例，有恢复力的犯人知道多长个心眼儿，将无意中发现的金属丝线偷偷留下，以备日后不时之需。这些丝线或许可被用于补鞋，在当时那样冰天雪地的情况下，一双能穿的鞋可能就是保命的关键。

尽管时局瞬息万变，但"即席创作者"敢于并擅长应对这种动荡。当他人还对情况摸不着头脑时，"即席创作者"已经开始在头脑中想象事情的诸多可能性。我有两个朋友，暂且分别称之为保罗·希尔兹（Paul Shields）和麦克·安德鲁斯（Mike Andrews）。他们大学四年一直是室友，因此自然而然地在毕业后合伙做起了生意，向学校、组织和咨询公司出售培训材料。起初，他们的公司大获成功，两位创始人成了百万富翁。然而，20世纪90年代初经济衰退悄然而至，公司遭受重大打击，流失了大量核心客户。同时，保罗经历了婚变，并因重度抑郁不得不暂别职场。麦克主动提出要分给保罗一部分钱，却被保罗以"企图窃取公司财产"为由告上法庭。在这种时候,换作一个不怎么有恢复力的人,可能会干脆丢下这个烂摊子不管,但这不是麦克的作风。他一边打着官司,一边继续维持公司运营,不断探索着合适的商业模式。最后,他终于琢磨出了一个行之有效的商业模式:与他人成立合资公司,向俄罗斯与中国企业出售英语培训材料。后来,他又顺势将业务拓展至为客户撰写英文时事报道上,甚至一度为竞争企业整理视频文字稿。多亏了他这些"即席创作"出来的业务,麦克发展出了与创业之初截然不同,但更加坚实可靠的生意。

除商业运作外,"即席创作"的能力还可被应用于更高层面的事物。1965年"诺贝尔物理学奖"得主理查德·费曼(Richard Feynman)的事迹,就是所谓"智力即席创作"中的一则代表案例。在纯粹的好奇心驱使下,费曼成了一个开保险柜的行家。他不仅喜欢研究开保险柜涉及的机械原理,还爱思考保险柜使用者和设计者背后的心理动机。例如,他之所以能够成功破解洛斯阿拉莫斯国家实验室的许多保险柜密码,是因为他推测在这里工作的理论物理学家不太可能设定容易遗忘的随机密码,而倾向于使用带有显著数学意义的序列。结果不出所料,存放原子弹重大技术机密的三个保险柜被设定了一个共同的常数"e",其前六位数字均为 2.718 28。

虽然不可能人人都像费曼一样聪明绝顶,但有恢复力的组织里充斥着各类"即席创作者"。事实上,能够在商业世界中生存下来的企业都将"随机应变"作为一项核心技能。仍以 UPS 快递公司为例,其物流司机被赋予极大的变通空间,竭力保障包裹的及时送达。公司首席执行官埃斯丘表示:"我们让员工只管把工作做好,并允许他们在必要时自由发挥,毕竟冲在工作最前线的人是他们。试想,只要一个红绿灯坏了,一个轮胎破了,或是一座桥被冲垮,都有可能使物流中断。假如今晚暴风雪突降路易斯维尔,我们在当地的司机会自发聚在一起,讨论如何应对恶劣天气问题。他们之所以这样,不是因为上头的指令,而只是因为这是我们公司的传统。"

1992年,"安德鲁"飓风席卷佛罗里达南部,造成数十亿美元损失。但由于世代员工传承着这项传统,飓风登陆后仅一天,UPS快递公司在该地区的包裹送达服务便恢复正常。当时,许多人游离失所,只能暂时寄居在自家车中。然而,UPS快递公司的司机和管理人员坚守物流中转站,将包裹送至每个人手中,就连那些住在车里的人也不例外。很大程度上,正是UPS快递公司的随机应变能力,使得其在灾难来临时得以照常运营。此外,即便身处混乱之中,公司照常运营的状态也能让旁人拥有一种目标感或使命感。

不过,UPS快递公司实践的这种"随机应变",完全不等同于天马行空的想象。相反,UPS快递公司制定了一系列规则与制度,颇有军事化作风。正如埃斯丘所说的那样:"我们公司的司机总会将车钥匙放在同一个地方,他们用一样的方式关门,穿着一样的制服。我们公司以精细化管理著称。"他认为,尽管这种管理方式看似压抑,但的确多亏了公司的各项规定,公司才从"安德鲁"飓风的打击中迅速恢复过来。也正是这些规定，使公司员工得以将注意力集中于最关键的一两项补救措施上。

无独有偶，密歇根大学商学院组织行为学教授卡尔·E. 韦克（Karl E. Weick）也有同样的看法。韦克教授是全球最顶尖的组织心理学专家之一，他曾在文章中写道："充分的证据显示，当人们处于压力之下时，往往会转而采用最习惯的应对方式。生死攸关之际，人们最不可能发挥的就是创造力。"换言之，虽然规定与制度让某些公司看上去显得有些制式，实际上却能让企业在真正的混乱中拥有更强的恢复力。

我在文章开头提及的那位杂志社同事克劳斯·施密特，大约在5年前不幸辞世。可即便他在世，我也不知能否就恢复力的话题采访他。我想，当面问他以下这些问题，想必会十分别扭，比如"克劳斯，你真的面对现实了吗""你在困境中追寻意义了吗""你灵活应对每一次职业与个人危机了吗"。这些问题，他自己或许都答不上来。根据我个人的经验，真正有恢复力的人并不常自称"有恢复力"。对于自己"死里逃生"的事迹,他们轻描淡写,而且经常将其归功于运气。

显然,运气对于个人与组织能否安然度过危机起着不可忽视的作用。摩根士丹利的办公室位于世贸中心大楼南座,这是一种运气;他们平常进行的逃生演习在关键时刻真的奏效,也是一种运气。但运气好不代表有恢复力。恢复力是一种对当下情况的反应,一种面对与理解世界的方式。它深深地刻在一个人的思维和骨子里。有恢复力的个人及组织面不改色地与现实对峙,即便身陷困境,也不忘从中发掘人生的意义,而非一味地号啕大哭,更能在资源十分有限的条件下想出解决方法。这些就是恢复力的本质,却又令人永远无法参透。

作者简介

黛安娜·库图

曾为《哈佛商业评论》资深编辑,专注于心理学及商业领域报道。

注释

1. See, e.g., Karl E. Weick, "The Collapse of Sense-making in Organizations: The Mann Gulch Disaster," *Administrative Science Quarterly*, December 1993.

丹尼尔·戈尔曼（Daniel Goleman）| 文

人人适用的恢复力培养守则

培养恢复力的方法有两种：一是与自己对话，二是管好你的大脑。

对于遭受重大挫折的人，心理学家马丁·塞利格曼（Martin Seligman）曾在《哈佛商业评论》（2011年4月刊）一篇题为《培养恢复力》（Building Resilience）的文章中提供了建议：与自己对话。根据这种方法，你得干预自己的认知，并用乐观主义的态度对抗悲观主义者的思维方式。也就是说，你得挑战自己的悲观想法，然后用积极想法加以替换。

漫漫人生中，重大挫折毕竟不多见。

不过，话说回来，每位领导者的生活中都难免出现这样那样的烦心事，有时是出现恼人的错误，有时是自己工作上遇到小挫折。无论如何，恢复力都是"以不变应万变"的关键所在。只不过在日常情境下，培养恢复力的方法也应有所变通：我们得管好自己的大脑。

大脑从日常烦恼中恢复过来的方法非常特别。只需一点点努力，你就能让大脑升级换代，从生活的低潮期中切换出来。

每当我们在气头上说出或做出不合时宜的事时（这种体会应该人人都有吧？），就证明脑部的杏仁核已被神经中枢劫持。神经中枢位于前额皮质，相当于大脑的指挥中心。杏仁核相当于大脑的雷达系统，负责探查周围环境中的危险。一旦发现危险，杏仁核就会激发"战斗或逃跑"反应。因此，从本质上说，一个人能越快地从杏仁核被劫持的状态中恢复过来，这个人的恢复力就越强。

威斯康星大学神经科学家理查德·戴维森（Richard Davidson）称，让我们重整旗鼓、聚精会神的脑回路主要集中于前额皮质的左侧区域。他还发现，情绪低落时，人类大脑前额皮质右侧区域的活动显著增强。换言之，只要看看大脑左右区域的活动强度变化，就能预测我们每个人日常心情的转换：右侧活动增强时，我们更易怒；左侧活动增强时，我们则能更快地从各类负面情绪中恢复过来。

为了探索如何在职场中更好地应用这一研究结果，戴维森联手美国马萨诸塞州大学医学院冥想专家乔恩·卡巴特－津恩（Jon Kabat-Zinn），与一家全年无休、工作强度大的生物科技企业展开合作，向这家企业的员工教授正念技巧。正念是一种专注力训练，学员将学习如何控制自己的大脑，将注意力全然聚焦于当下，并且不做任何反应。

卡巴特－津恩提供的指导原则非常简单。

1. 找一个安静、隐秘的地方，让自己享有不被打扰的若干分钟时间。例如，可以关上办公室的门，并将手机调成"静音"模式。
2. 以一个舒适的姿势坐好，保持背部挺直且放松。
3. 感受呼吸，在每一次深而长的呼吸之后，再进行一次深而长的呼吸。
4. 不要刻意改变呼吸的方式。
5. 不要理会闯进脑中的想法、声音。让它们自然消失,再将注意力拉回到呼吸上来。

对这家企业员工进行的脑电图监测结果显示,经过历时8周、平均每天半小时的正念训练,员工的脑部活动由原先的右侧活跃(代表压力),逐渐转变为左侧活跃(代表恢复力)。更让人惊奇的是,这家企业的员工纷纷表示,自己回忆起了热爱这份工作的初心。也就是说,他们重新找回了当初让他们全身心投入这份工作中来的动力。

为了最大限度地获得正念带来的益处,建议每天进行20—30分钟的练习。不妨把正念当作一种针对心灵的日常修习。拥有专业的指导固然十分有益,但最关键的还是要将正念当作每天的例行习惯加以实践。(甚至有一种专业正念训练教人们如何在长途驾驶过程中进行练习。)

即便是作风强悍的企业高管,也越来越青睐于正念训练。一些正念训练中心为商务人士开设了专门课程,如亚利桑那州的高端休闲中心米拉瓦度假酒店和马萨诸塞大学医学院开设的"正念领导力"系列课程。过去几年来,谷歌大学[①]也一直在向其员工提供正念训练课程。

问题是,借助正念训练培养恢复力真能给人带来好处吗?对表现出众的高管来说,压力的负面影响有时难以察觉。我的两位同事理查德·博亚茨(Richard Boyatzis)和安妮·麦基(Annie McKee)认为,通过问自己这样一个问题,有助于企业高管大致辨认出自己是否受到压力:"我是否隐约感到不安、躁动,或觉得生活没那么美好(即比'生活让我十分满意'差了点儿)?"如果答案是肯定的,那么一点儿正念训练将有效帮助我们平复心境。

---

① 谷歌大学(Google University),谷歌公司为员工打造的技术学习与课程分享平台。——译者注

作者简介

丹尼尔·戈尔曼

美国罗格斯大学情商研究学会主任,曾与安妮·麦基(Annie Mckee)等合著《情商4:决定你人生高度的领导情商》(*Primal Leadership: Learning to lead with Emotional Intelligence*),并独立撰写《情商:为什么情商比智商更重要》(*The Brain and Emotional Intelligence: New Insights*)一书。(此两本书收录于中信出版社2018年出版的"情商系列"。)

戴维·柯潘斯（David Kopans）| 文

恢复力的评估、管理与训练方法

试着回想一下最近一次你在公司以外场所参加的全员工作会议。桌上摊着你和你的团队成员用来评估业务表现的各类工具：海量数据表、收支平衡表和损益表，你们可能对着这些数据与信息谈论不休。经理都知道，直观的定性与定量分析，是建立业务恢复力的关键所在。然而，在谈到我们个人如何适应环境、实现成长甚至取得人生的成功时，却几乎没有什么工具可被我们使用。

没有工具，并不代表着我们就该止步不前。基于我个人创办、发展公司的经验，同时结合数十年来有关个人恢复力组成部分的研究，我发现了一些根本性的工具，可被我们用于在实践中评估、管理和提高个人恢复力。

积蓄属于你的"正能量币"

国家可以印钞，我们却不能凭空印制出代表恢复力强度的"正能量币"。我极力推荐个人采用这种被我称为"正能量币"的方法。它根植于实际发生的正向互动、事件和记忆中,这些都是众所周知的恢复力培养工具。当且仅当一个人将注意力集中于事物的积极面,并对此表示感恩时,"正能量币"才会像资产一样被"印制"并存储起来。为什么呢?因为保持用积极的眼光看待事物并心怀感激,正是建立并提高恢复力的核心所在。若仍用前述的"造币"比喻,它就像铸造金币时使用的原始材料。

加利福尼亚大学戴维斯分校研究者罗伯特·埃蒙斯(Robert Emmons)、迈阿密大学研究者迈克尔·麦卡洛(Michael McCullough)及其他一些研究者共同发现,积极而感恩的心态是增强个人幸福感、提高生活满意度的最可靠方法之一。[1] 创造这样的"正能量币"能有效减少焦虑、减轻疾病症状并提高睡眠质量。不用说,这些因素共同作用,将带来更强的个人恢复力。

学会记录

我们用于评估企业绩效的工具,都以良好的记录为前提。同理，在建立个人恢复力方面，记录同样重要。积极心理学专家、宾夕法尼亚大学教授马丁·塞利格曼（Martin Seligman）认为，当我们努力将正向的互动、事件和记忆以书写的方式记录下来时，这些文字就有了格外高的价值。[2] 不妨用一本皮面笔记本，或是数字记录软件，记录下你的一笔笔"正能量币交易"。具体形式并不重要，甚至可以简单到只用一本再普通不过的纸质笔记本，按"类别"（如家庭、朋友或工作）分别记录信息，或是直接在一张 Excel 表中填写，也可以在日记软件中为信息贴上各类标签。

创造牛市

对金融市场而言，越多投资者想进入，市场就越繁荣。同理，当我们鼓励更多的正能量买家进入"恢复力市场"时，我们自身的恢复力也将变得更强。这并非什么难事，毕竟阳光的人仿佛也能将自己的正能量传递给他人。哈佛大学学者尼古拉斯·克里斯塔基斯（Nicolas Christakis）与加利福尼亚大学圣迭哥分校学者詹姆斯·富勒（James Fowler）在其合著的《大连接：社会网络是如何形成的以及对人类现实行为的影响》（*Connected: The Surprising Power of Our Social Networks and How They Shape Our Lives*）一书中，详细论述了幸福感不仅取决于我们自身的选择和行动，也取决于与我们隔着两维、三维空间的人。换言之，当我们自身变得积极时，其实就是在无形中鼓励周围人同样变得积极。随着周围人变得积极，我们自身的恢复力也将进一步增强，由此形成一种"传染性的"正向循环。

建立人生的投资组合

有恢复力的企业擅长将风险分散化。同理，有恢复力的个人也知道将其"正能量币"进行分散投资。通过评估，他们能在"人生投资清单"中找出回报率最高的投资项目，对此进行大力投资，进而提高恢复力的整体水平。通常情况下，这些高回报投资项目来自工作之外的生活。事实上，虽然我们大多数醒着的时间都在工作，但积极的人生不应当只围着工作转。2015年，美国黑鹰公司旗下调研业务部门发表题为《幸福感研究》的报告，它显示在一共12项幸福感影响因素中，工作只被受调者排在第8位。排在前几位的分别为家庭、朋友、健康、爱好和社区归属感。[3]由此可见，在这些领域投资更多的"正能量币"，将有助于我们显著增强个人恢复力。

定期汇报

最后，正如企业财务部门需要定期审视公司财务报表一样，个人也需要定期回顾自己的"正能量币"情况。这种回顾不仅能使我们对自己有更清楚的认识，还能通过增强我们对正向互动与感恩的感知力，来提高我们的恢复力。脸书的数据科学家曾于2014年做过一项著名实验,并将结果发表于《美国国家科学院院刊》(*Proceedings of the National Academy of Sciences of the United States of America*)上:如果你平常订阅的主要是正面的新闻,那么你也会变得积极。[4]

即便你无法像华尔街的定量数据分析师那样精细地分析自己的"正能量币"情况,但只需让自己置身于积极、正面的环境中,你就能变得更有恢复力。所以,定期回顾自己的"正能量币"情况,并对取得的小成绩加以庆贺吧(我通常是在早晨喝咖啡时做这件事)。将此养成习惯,不仅你个人的恢复力水平将得到提升,你的朋友、家人甚至同事,他们的恢复力水平也都将获得提升。

作者简介

戴维·柯潘斯

本文作者为 PF Loop 公司创始人兼首席执行官。这家公司基于积极心理学的研究结果,致力于通过软件应用系统和数字服务为世界带来积极的改变。

注释

1. R. Emmons, "Why Gratitude Is Good," *Greater Good*, November 16, 2010, http://greatergood.berkeley.edu/article/item/why_gratitude_is_good; and "Why Practice Gratitude," *Greater Good*, October 31, 2016, http://greatergood.berkeley.edu/topic/gratitude/definition#why_practice.
2. M. E. Seligman et al., "Positive Psychology Progress: Empirical Validation of Interventions," *American Psychologist* 60, no. 5 (July–August 2005): 410–421.
3. "The Happiness Study: An Employee Rewards and Recognition Study," Blackhawk Engagement Solutions, June 2, 2105, www.bhengagement.com/report/employee-happiness-study/.
4. A. D. I. Kramer et al., "Experimental Evidence of Massive-Scale Emotional Contagion Through Social Networks," *Proceedings of the National Academy of Sciences of the United States of America* 111, no. 24 (2014): 8788–8790.

四

希拉·赫恩（Sheila Heen） | 文
道格拉斯·斯通（Douglas Stone）

在批评中寻求自我提升之道

反馈不可或缺。原因显而易见：它不仅能提高我们的工作表现，还有助于培养人才，解决问题，设定薪酬福利，提升底线水平，并使相关方就预期结果达成一致。

然而，同样显而易见的是，在许多组织中，反馈并未发挥其应有的作用。一则数据就能揭示这一切：仅36%的管理者能切实、及时地完成绩效评估。近期一项调查显示，55%的员工自称在最近一次的绩效评估中受到了不公正或不正确的对待，且有1/4的员工表示，这类评估是职场中最让人害怕的事。当被问及绩效管理工作面临的最大挑战时，63%的人力资源高管将票投给了"企业经理人没能力或不愿意进行难以启齿的绩效评估讨论"。什么冠冕堂皇的"职场导师制度"，没有不公平的对待就不错了。

大多数企业试图借助培训的方式培养管理者更高效、更经常地给予下属反馈的能力。这种做法的出发点没有问题，毕竟当管理者擅长沟通时，其周围的所有人都将因此获益。然而，仅仅提高管理者给予反馈的能力并不够，还需要培养下属接收、理解反馈的能力。接收者能否正确理解反馈的意义，将决定其能否接纳建议并改变行为。我们不应只将反馈视为一种单向推送的过程，而应将其视为一种双向传递的互动。

过去20年来，我们已向许多企业高管传授了开展高难度对话的技巧。但我们也发现，无论新员工还是最高管理层，几乎所有人都认为自己不擅长接收反馈。一份重要的绩效评估表、一项出于好意的建议或是一条委婉的评论，尽管未必称得上是严格意义上的反馈，却总能激发接收者的情绪反应，甚至可能为双方带来紧张关系，或使双方沟通戛然而止。好在有效接收反馈的技巧既不晦涩，也可被后天习得。它们具体包括两项内容：一是洞察并管理接收反馈过程中引发情绪的能力，二是从哪怕刺耳的批评中挖掘价值的能力。

为何反馈不被人接受

为什么接受反馈这么难呢？因为这一过程正好击中了人类的两样核心需求：学习、成长的需求，被他人认可的需求。因此，即便是一项看似善意的建议，也可能使人感觉气愤、焦虑、自尊被践踏或感到莫大的威胁。此时，再来一句"我不是针对你"，并不会起到任何缓解气氛的作用。

要想更有效地接受反馈，首先得理解自身出现的情绪，并对情绪加以管理。你可能认为反馈戳人痛处的方式有千万种，但它们实际上只有以下三种。

第一种：反馈内容与实际情况不符。评估结果或建议看似毫无根据、无用或有失偏颇时，听者容易感到屈辱、委屈和愤怒。

第二种：反馈双方关系不佳。此时，反馈内容带有强烈的主观色彩，原因是反馈内容给予者对接收者带有先入为主的偏见（如"他在这方面简直满嘴胡言！"），或双方此前有过不好的交往经历（如"我为你这么卖命，结果等来的就是这堆批评？"）。这种情况下，对于同样一个接收者，给予者改变后，接收者说不定就能听得进反馈。

第三种：反馈本身引发自我怀疑。无论反馈内容是对是错，有用没用，只要它能造成听者对个人身份的怀疑，就能引发非常负面的效果。此时，听者会有一种手足无措感，进而发展成防御姿态或感觉心理失衡。

上述反应均属自然且合理的反应。在某些情况下，它们甚至不可避免。解决之道不在于假装无视，而应是正视其存在，并学习如何从中挖掘出对自己有益的东西。

有效接受反馈六步法

有效接受反馈是一个对信息进行分拣和筛选的过程。我们得理解对方的观点，敞开心胸接纳乍看之下让人不那么舒服的建议,并尝试采用区别于以往的做事方法。此外,对于确实不正确或无益的批评,我们还是得摒弃或暂时放到一边。然而,当前述情绪反应被激起时,无论怎样卓有成效的对话都将无法开展。在这种情况下进行的对话,不仅无法使人长进,反而首先让人采取拒绝、对抗或逃避的姿态。

下面展示的"六步法"能有效帮助我们甄别出有价值的反馈,并将这些反馈中的精华建议为我们所用。当然,为了有效接受反馈,我们同样有必要理解这一过程中可能面临的种种挑战。

1. 了解自己的应激反应模式

我们从小到大一直在接受他人给予的反馈,因此无形中形成了一种对待反馈的固定模式。不妨试着问问自己,面对他人的反馈时,你是倾向于自我防御("这真是大错特错")、抗议给予反馈的渠道("你就通过邮件跟我说这些吗")还是实施反击("真没想到你竟然会这样对我")?你会表面上笑呵呵、心里翻江倒海吗?面对有失偏颇的反馈,你是泪流满面,还是义愤填膺?就接受反馈的时间而言,你是倾向于当下拒绝接受反馈,还是先持保留意见,回去后认真思索?你会立即全盘接受反馈,却在事后越想越不对劲吗?你有没有出现过思想上认同反馈,但就是改变不了行为的情况?

我的朋友迈克尔是一家广告公司的高管。当他听到老板取笑他没有职业精神时,有如当头棒喝。他告诉我们:"当时我恨不得找个地缝钻进去。过去的种种失败齐刷刷涌入我的脑海,仿佛我在网上搜索'自己做错了的事'并得到120万条搜索结果一样,其中还不乏来自我父亲和前妻的种种控诉。在这种情况下,我真的很难看清这条反馈的'真正价值'。"但现在,迈克尔明白了自己的应激反应模式,并因此能做出行为上的调整:"现在的我可以拍着胸脯说,是我自己太大惊小怪了。通常一觉睡醒之后,我总能带着更清醒的头脑,从别人给予的反馈中挖掘出有助于自身进步的东西。"

2. 努力做到"对事不对人"

按理说,当反馈内容切中要害且相应建议的确给人启发时,反馈的给予者看似并不重要。但事实是,反馈的给予者总是重要的。若反馈给予者与接收者关系不佳,就容易导致接收者将个人感情投射在给予者身上。此时,无论反馈的给予者以何种方式、何时或在何处传递反馈,都成了错误的选择,接收者也将暂时关闭通路,拒绝任何形式的倾听与学习。为避免这种情况发生,我们得先努力区别对待反馈的给予者及其传递的反馈内容,再同时考虑两者。

珍妮特在某制药公司担任团队领导。身为化学家的她从同级同事和上级主管那里均收到了相当正面的评价。可她惊讶地发现,负面评价竟来自自己的几位直系下属。于是,她不假思索地得出结论,认为问题一定出在下属身上:"因为我严格要求下属,他们中的一些人的确达不到我的标准。"她回忆道:"他们只是不习惯有人一直逼着他们做事。"就这样,珍妮特将问题的关键由自己的管理风格转移到下属的能力上来,进而阻止她从下属的反馈中反思自己对他人造成了怎样的影响。

最后,珍妮特终于想明白了。她说:"我意识到,不能割裂地看待下属的能力问题和我个人的领导力问题。这两者其实互相影响,并且都值得深入探究和解决。"由于做到了对事不对人,珍妮特得以与自己的团队成员开诚布公地讨论这两方面的问题。她巧妙地借用自己收到的反馈作为开场白,对下属说:"我的哪些行为不利于你们开展工作呢?你们建议我做些什么来改善这种局面呢?"

3. 挖掘有益于个人成长的信息

有些反馈是评估性质的(如"你的工作表现得了4

分"),另一些则带有指导意义(如"这些是我们建议你需要提高的方面")。对我们每个人而言,这两类反馈缺一不可。评估型反馈向我们揭示了自己所处的位置,未来需要努力的方向及组织寄予我们的期望。指导型反馈则使我们进步,并有助于我们获得更高层的能力。

实际生活中,上述两类反馈并非总是泾渭分明的。假如詹姆斯接到公司某董事来电,建议他做下一季度财务汇报时,以外部分析师的预测结果开场,而非以公司内部所做的财务预测结果开场,请问这究竟该算作是一项有益的建议,还是这名董事在隐晦地批评詹姆斯往常惯用的汇报方法呢?当反馈性质指向不明确时,人们倾向于做最坏的打算,将本来出于好意的指导型反馈,错当成负面的评估型反馈加以理解。带有主观色彩的情绪可能引发人们对自我的质疑,由此滋生的焦虑感阻碍人们从反馈中学习。因此,我们应尽一切可能向他人提供指导型反馈。同理,当我们接受他人的反馈时,也应努力将反馈内容视作一种能够帮助我们以全新的视角审视自我行为，从而获得潜在启发的宝贵建议，而非对我们过去所作所为的控诉。回到詹姆斯的例子，在他有了这样的思想转变后，说："在我心里，这位公司董事的建议变得没那么有攻击性。最后，我决定单纯地将它视为一项建议。通过这项建议，我了解到怎样才能更有效地帮助董事会掌握季度财务信息。"

4. 剖析反馈内容

通常情况下，我们需要一些时间，才能判断出反馈内容是否切实、有益。因此，决定接受或拒绝某项反馈建议前，我们有必要对其做些分析。

假设销售员卡拉收到一位资深同事约翰的反馈，称其"应更加自信"。卡拉或许会下意识地拒绝接受这项反馈，因为她自认"已经很自信了"，也可能一边心想"我真得努把力了"，一边虚心接受这项反馈。但在她做出最终决定前，有必要彻底弄清同事约翰的具体指向：他究竟是认为她应该更大胆地表达自身想法呢，还是建议她说话的语气更加掷地有声？她是该多微笑，还是该收敛表情？是该敢于承认自己的无知，还是自信地掩盖自己的无知？

哪怕只是一句简单的"应更加自信"，也是约翰观察卡拉在各项会议以及与顾客接触过程中的表现而得出的宽泛结论。卡拉需进一步探究这项结论，找出背后的具体支撑内容。例如，约翰看见她做了什么，或没做什么？他期望她做什么，又不希望她做什么？换句话说，即约翰究竟依据什么给出了这样的反馈？

此外，卡拉还得知道约翰希望通过这项反馈促使自己做出哪些改变，以及为什么有必要做出这些改变。通过与约翰进行一番深入、透彻的交谈，卡拉或许会认同约翰的部分看法，承认自己的确不如其他销售同事自信，却也可能对约翰的另一些观点持保留意见，认为自己没必要按约翰的要求做出改变。毕竟，卡拉心目中的销售精英有着安静、内敛的性格，十分关注并致力于满足顾客需求。相较之下，约翰心目中的销售精英则应该像电影《大亨游戏》（*Glengarry Glen Ross*）里的主人公一样张扬、激进，显然与卡拉的理想格格不入。

当我们将下意识做出的主观判断暂时搁置一旁，花些时间探究反馈的具体成因和需要做出的相应改变时，就能为之后与反馈给予者进行的交流积累丰富的谈话内容，最终促成双方就是否做出改变及具体做出怎样的改变达成共识。

5. 每次只寻求一条反馈

当我们主动寻求反馈，并在如何处理反馈内容上占据主导地位时，就不大可能被反馈激发出负面情绪。因此，不必非得等到年终绩效考评，而应在日常工作中随时向各类人请教，主动寻求获得有益反馈的机会。不建议生硬地抛出诸如"请问您对我有任何反馈吗？"之类的宽泛问题，而应让寻求反馈的过程变得更可控，如询问同事、老板或直系上级"您认为我目前在哪方面可以做得更好？"这样，被询问者才有可能迅速做出反应，将头脑中浮现出的首要问题提出来。同时，由于信息十分有针对性，进而它允许你以自己的节奏进一步挖掘更多相关细节。

罗伯特是一家金融服务公司的基金经理，认为公司的360度绩效评估法既让他不知所措，又让他感到迷惑不解。"公司给出长达18页的图表分析报告，却又不允许员工就这份报告展开后续讨论，任凭不清不楚的反馈内容影响员工心情。"罗伯特说。他还表示，这份报告令他觉得在同事面前抬不起头来。

如今，罗伯特每季度都会找两三个人交流，向他们请教自己可以改善的方面。"他们提出的建议各有不同，但请教多了，我就能自发总结出存在共性的问题，并因此明确自己究竟应提高哪些方面的能力。"罗伯特说："我和老板、团队成员乃至关系不那么好的同事都建立了很好的交流机制。他们乐于告诉我可以改进的一个方面，而且通常说得没错。这种对话机制，的确使我们彼此间的工作关系变得更加融洽。"

研究显示，敢于向他人寻求明确反馈的人（不是为了获得表扬而故意请教的人），通常比其他人的绩效考评结果更好。究其原因，主要是当一个人向他人积极寻求指导时，更有可能认真考虑他人的建议，并真切地付诸实践。此外，当我们主动寻求反馈时，不仅是为了了解他人对我们的看法，更是为了改变他人对我们的看法。主动向他人寻求有建设性的批评建议，使我们同时呈现出一种谦卑、自信、尊重他人和追求卓越的姿态。

6. 进行一些小尝试

主动寻求反馈并理解其内涵后，我们或许仍旧难以辨别其中哪些信息能够为我们所用，哪些又没用。为此，我们不妨多进行一些小尝试。哪怕暂时心存疑虑，鉴于一次小尝试说不定能换来大益处，但试无妨。前文述及的首席财务官詹姆斯，最终决定采纳那位董事的建议，在下季度财务汇报中使用外部分析师的预测结果开场，以试探董事会成员的反应。结果显示，有的董事对此表示赞许，另一些董事却坚持应该用回原来的汇报形式。如今，詹姆斯采用"反向操作"的方法，使自己的汇报方式顺应董事会成员眼下关心的头号问题。每次召开季度财务汇报会前，他都会提前一周通过邮件收集董事会成员关注的重大问题。会上，他要么在一开始就抛出董事会所关注问题的答案，要么在开场时暗示大家，自己在稍后的汇报过程中会着重回答这些问题。"这种汇报方式准备起来更难，但现场汇报起来反而更容易。"詹姆斯说，"我不再像以往那样疲于应对预料之外的问题，这正是财务汇报中最难的地方。"

这则例子的意义还值得我们继续深挖。当别人给我们建议时，不妨亲身试试这则建议的有效性。如果试验的结果不错,那再好不过。但如果试验不幸失败,我们下次还可以换个法子继续尝试,或决定结束试验。虚心接受批评做起来其实并不容易。即使我们知道倾听批评的声音对个人发展来说很重要,并相信批评者是为了自己未来的成功着想,也仍旧无法阻止自己的负面情绪被激发。此时,我们会觉得委屈、不公,有时甚至还会感觉他人威胁到了我们最内核的东西。

向上级、同事和下属主动寻求指导和建议时,倘若我们能克服自然反应,从批评中汲取价值,就能获得飞速的个人成长。有人擅长给予反馈,有人则不擅长,有人甚至忙得没时间给予反馈。无论如何,我们自己才是决定个人成长的最关键因素。下决心从各种反馈中学习,我们将在成长的道路上一往无前。

作者简介

希拉·赫恩　道格拉斯·斯通

两位为 Triad 咨询集团联合创始人,且均在哈佛大学法学院教授谈判课程。本文摘自两位作者合著的《感恩反馈：接受反馈的科学与艺术》（*Thanks for the Feedback: The Science and Art of Receiving Feedback*）一书。

五

杰弗里·A. 索南费尔德（Jeffrey A. Sonnenfeld） | 文
安德鲁·J. 沃德（Andrew J. Ward）

**反击的艺术：伟大的领导者
如何在遭遇困难后绝地反击**

在领导者需要经受的诸多挑战中，最艰巨、最痛苦的莫过于从职业生涯的重大挫折中恢复过来的过程。造成重大挫折的可能是自然灾害、疾病、不端行为、疏忽失误，或是他人合谋发起的篡权夺位。然而，真正的领导者不会屈服于任何一项重大挫折。失败反倒能激起他们的斗志，让他们带着更坚定的决心和更强大的力量，给出一记漂亮的回击。

杰米·戴蒙（Jamie Dimon）就是一个例子。任花旗集团总裁期间，他遭遇解雇，后一跃成为摩根大通首席执行官。类似经历还出现在杰克·博格尔（Jack Bogle）身上。此前，他曾任威灵顿基金管理公司总裁，被解雇后创立先锋指数基金，并由此成为治理改革领域的意见领袖之一。还有可口可乐公司前总裁史蒂夫·海尔（Steve Heyer），先是作为热门人选，之后却未能升任首席执行官而让人大跌眼镜，后来很快就被喜达屋酒店集团任命为总裁。最典型的例子当属现任美国总统唐纳德·特朗普（Donald Trump）。从政前，他所经营的赌场生意前后经历两次金融危机,但这并没有阻止他本人成为全世界最声名卓著的房地产开发商、电视制片人和真人秀明星。

这些故事中的主人公毕竟只是个例,不能代表大多数人。作家弗朗西斯·斯科特·菲茨杰拉德(Francis Scott Fitzgerald)曾发表过一项著名言论,称美国商界领袖遭遇职业生涯滑铁卢后,人人都迎来了事业的"第二春"。为验证这项言论,本文作者分析了450位1988—1992年在大型上市公司任首席执行官的职业人案例,结果发现,在被解雇的首席执行官中,35%于离职后两年内重返高管岗位;22%退居二线,转而在更小型的组织中担任顾问角色,或在公司董事会兼职;剩下43%的首席执行官在被解雇后即结束了职业生涯,选择退休。

那么,究竟是什么阻碍了那些被迫卸任的领导者重返职场呢?答案与他们的性格特点有关。这类领导者倾向于过分自责,时常纠结于过去,忽略了未来的无限可能。无论事实是否如此,他们都打从心底里认为自己就是职业挫折的始作俑者,并因为执念而无法放下过去那段职业经历。此外，他们周围的同事甚至亲友也可能好心办坏事，为了搞清状况而做出的无心的归责行为，不料进一步加深了其执念。可惜，这些同事和亲友给出的相应建议通常只会弄巧成拙。

无论在哪种文化中，在逆境中迎难而上的能力都是成为一位伟大领袖的必备素养。人类学家约瑟夫·坎贝尔（Joseph Cambell）于1949年出版了一本影响深远的书，名为《千面英雄》（*The Hero with a Thousand Faces*）。在这本书中，坎贝尔向读者展示了全球伟大领袖的各类故事，故事背景横跨各个时代及文化环境。最后，坎贝尔总结出了一条普适性的"英雄法则"。历数古今中外的领袖人物代表，从摩西、耶稣、穆罕默德、佛祖、埃涅阿斯（古罗马传说中的特洛伊英雄）、奥德赛（古希腊英雄）到特斯卡特利波卡（阿兹特克神话英雄），无不始终体现着这一原则。划时代的英雄人物听从使命召唤，从此踏上伟大征程。途中，他们会在早期摘得一些成功的果实，但之后必定历经千难万险，最终戴着胜利的桂冠回归大众视野。如果坎贝尔今天才开始写书，或可将商界领袖一并纳入研究范畴。毕竟，如今的商界领袖在走向伟大的过程中，与昔日的英雄人物面临着同样的艰险与波折。

　　本文旨在帮助领导者或任何突遭不幸者检视猝不及防的挫折事件，并就重整旗鼓甚至超越昔日辉煌的过程提供一种思路。过去22年来，本文作者访谈了300位被解雇的公司首席执行官及各类专业人士。基于这些访谈结果，同时结合我们开展的领导力研究、承接的咨询项目及作者亲身体验，我们可以确信：只要有意识地采取相应行动，领导者完全有能力浴火重生。首先，领导者必须谨慎计划如何实现绝地反击。一旦做出决定，领导者还需团结一切可以团结的力量，使大家共同加入这场反击战中。此外，他们还得努力调整好心境，使自己重新具备英雄式的精神状态。在调整的过程中，他们也是在向自己、向他人证明：现在的我兼具能力与毅力，要重新踏上英雄的征程。

这方面最具代表性的例子莫过于美国前总统吉米·卡特（Jimmy Carter）。1980年，卡特在总统连任选举中惨败给对手里根。事后，他向我们透露："我回到自己在佐治亚州普莱恩斯市的老家，身心俱疲。我蒙头大睡了近24小时，醒来后发现眼前是一片全新却可能空虚的生活，这种生活并不是我想要的。"卸任后，卡特为自己取得的一系列成就感到自豪。例如，他实现了能源领域的政府集权下放，积极参与全球人权保障事务，并促成以色列与埃及和平签订《戴维营协议》。尽管如此，随着他未能及时解救出被伊朗挟持的美国人质，事业带来的沮丧和孤独感变得尤为突出。然而，这是卡特人生中不得不攻克的课题。

尽管备感痛苦和屈辱，卡特并未顾影自怜，或愤世嫉俗。他意识到，自己在全球政坛的知名度为他创造了重返国际事务领域的契机与平台。因此，他笼络包括自己的妻子、若干前内阁成员、社科学者、全球领袖同僚及财团代表在内的合作伙伴，共同打造了"卡特中心"。

为了证明自己的信念，他拒绝因为卸任总统而在政坛上就此谢幕，反而一如既往地投身于国际冲突调停事务，涉及国家包括埃塞俄比亚、厄立特里亚、利比里亚、海地、波黑和委内瑞拉，并在此过程中向世人成功证明，他不是一名已经过气的政客。2002年，卡特因为"数十年来不知疲倦地献身于化解国际冲突、保障民主人权及促进社会经济发展"而被授予"诺贝尔和平奖"。借助"卡特中心"，他重新发现了自己的英雄任务，在人权倡导、抚平社会伤痛领域继续发光发热。

现在，让我们再将目光拉回商业领域，看看一些伟大的商界领袖是如何踏上同样的征程、从职业挫折中恢复过来的。

制订反击行动计划

面对职业挫折，我们所要做的第一项决策为：究竟是否与眼前的困境一决高下。一种选择是正面对抗，但前方的战役充满未知，或许饱含艰辛，或许代价高昂，甚至还可能使我们颜面扫地。另一种选择是在他人不注意或渐渐遗忘的情况下，让往事尽快随风而去。有时候，避免与困难硬碰硬或许才是最明智的选择。例如，家得宝公司联合创始人之一伯尼·马库斯（Bernie Marcus）曾任美国前家居用品巨头汉迪丹公司首席执行官，被集团公司总裁桑迪·西格洛夫（Sandy Sigoloff）解雇并告上法庭后，马库斯决定尽快从诉讼案中抽身。他选择的战场不是法庭，而是商业市场。多亏这项明智的决策，马库斯才有余力创立家得宝。如今，家得宝已是一家销售规模近千亿的企业，拥有员工数十万名。

其他一些例子的主人公在英雄归来前，同样选择了优雅撤退。花旗集团前总裁杰米·戴蒙（Jamie Dimon）被时任董事长桑迪·威尔（Sandy Weill）不顾16年的合作交情裁掉后，从未公开对此表示失望或不满。但从莫妮卡·兰利（Monica Langley）2003年出版的相关著作《花旗帝国》（*Tearing Down the Walls*）中，我们仍可窥见事发当时的真实场景。书中提到,戴蒙当时虽然震惊不已,却依旧做出了正确的回应:"这显然是您深思熟虑之后做出的决定,我只能接受。"后来,戴蒙从事先准备好的媒体新闻稿中得知,原来整个董事会也赞同威尔的决定。眼见花旗集团决定给自己一笔丰厚、无限制条款的遣散费,戴蒙明白,威尔已经铁了心让自己离开,因此与他抗衡将毫无意义。失业期间,戴蒙阅读了多本著名国家领导人传记,从伟人的苦难经历中学习。他还开始学拳击,以这种方式排遣内心的苦闷。就这样过了一年,戴蒙决定为过去发生的事画下句点,于是邀请威尔在四季酒店共进午餐,顺便向他表示感谢。据哈维·麦凯(Harvey Mackay)在其 2004 年出版的《我们被炒了!》(*We Got Fired!*)一书,戴蒙回忆道:"当时的我已经调整好了心态。虽然桑迪并不打算主动联系我……但我知道,自己已经做好了感谢他的心理准备。我还意识到,我俩需要坐下来,好好聊聊当时的事。我想把过去的事彻底放下,这样才能更好地走向未来。心底有个声音告诉我,凡事都不能只看一面。我和他共事16年,其中十二三年相处得非常融洽。人无完人,我自己也不时犯错。而且我得承认,过去这件事之所以发生,我也负有一定的责任。无论我该负四成还是六成的责任,都不是重点。总之,我对这次见面感到非常满意。"借助这种方式,戴蒙不仅使自己从解雇事件中获得了宝贵经验,还在此过程中坚定了再创事业高峰的决心。(补充内容详见下方《战胜愤怒与自我怀疑》专栏。)

2000年3月,距戴蒙邀请威尔共进午餐6个月后,戴蒙被任命为美国第一银行集团首席执行官。那年,第一银行刚完成与芝加哥第一银行的并购项目,当年年报显示集团损失高达5.11亿美元。三年后,在戴蒙的领导下,第一银行利润首次突破35亿美元,股价增幅达85%。让这场"复仇"更有滋味的是,次年,第一银行与摩根大通完成并购,后者是花旗集团一直觊觎却未达成的并购对象。作为第一银行首席执行官的戴蒙,现在被普遍视为全球金融领域最具影响力的领袖之一。

战胜愤怒与自我怀疑

克服职业挫折的最关键步骤即承认并正视自己的失败。说得简单些，即我们必须承认，有些人的做事风格就是马基雅维利主义——为达目的可以不择手段。因此，在职场上重整旗鼓时，我们应该确保：

- 切记，失败只是开始，而非结局。是英雄，就有可能归来。
- 面向未来。具有前瞻性的行为往往比被动地做出反应更有效。但前瞻性的行为不只是勇往直前，有时还体现为后退一步，思考下一步该往哪走。
- 让周围的人接受你的失败。由于不知该对你说些或做些什么，哪怕是挚友也可能因此刻意回避你。不妨让他们知道，你愿意接受他们的帮助，以及你最希望获得怎样的帮助。
- 明确自己想对外界传递怎样的信息。名声的重建需要你向他人不断讲述自己的经历。你得明确自己想讲述一则怎样的故事，并在各个场合中保持故事内容的一致。

当然，什么也不做、默默祈祷正义的到来，并不总是明智之举。时代华纳前首席执行官尼克·尼古拉斯（Nick Nicholas）在业内备受敬重，却因被其竞争对手杰拉尔德·莱文（Gerald Levin）算计，丢了工作。然而，尼古拉斯从未对其老东家表示过不满。相反，他趁休息期间去韦尔滑雪，静待有人打电话召唤他回去复职。尽管他很快就在新的商业领域成了一名非常成功的投资人、教授和董事会主席，却再也没能成为一家大型上市公司的领导者。其他一些被迫离职的首席执行官，如福特汽车公司的雅各布·纳塞尔（Jacques Nasser）、惠普公司的卡莉·菲奥莉娜（Carly Fiorina）、IBM（国际商用机器公司）的约翰·埃克斯（John Akers）、美国联合航空公司的理查德·费里斯（Richard Ferris）和苹果公司的约翰·斯卡利（John Sculley），都未能再次进入大型上市公司担任领导职务。他们是公认的杰出领导者，就任期间兢兢业业地维护着股东利益。可是，他们也从未实施反击，并在卸任后逐渐淡出公众视野。

要想回答"战斗或逃跑"的问题,决定因素在于领导者个人声誉因此受到的(潜在)影响。声誉是一名领导者最重要的资源。包括前述首席执行官在内的企业领袖,他们或许在其他方面拥有充足的资源和经验,但真正决定其能否克服职业挫折的,正是领导者的个人声誉。

当争取胜利得不偿失时,我们就不该选择战斗。纯属报复的反击战就像莎士比亚笔下的悲剧,满盘皆输。例如,惠普公司董事会成员汤姆·珀金斯(Tom Perkins)试图为另一位董事会成员兼好友乔治·基沃斯(George Keyworth)在法庭上开脱,称基沃斯不存在"泄露董事会机密信息"的行为。此举不仅将董事会主席帕特里夏·邓恩(Patricia Dunn)拉下水,还使基沃斯本人被迫辞去董事会职位并蒙受更大屈辱。面对外界的质疑,身为领导者的珀金斯本该权衡利弊,考虑自己的举动是否会将事态扩大,进而造成更大规模的破坏。

不过,当外界质疑不仅葬送职业生涯,还可能阻碍个人重返职场时,领导者必须予以反击。前以色列总理阿里克·沙龙（Ariel Sharon）就是一个很好的例子。1967年的第三次中东战争中，沙龙统领以色列军队，大败埃及。15年后，时任以色列国防部长的沙龙对黎巴嫩境内的巴勒斯坦解放组织发起袭击。作为打击报复，黎巴嫩基督教民兵组织趁机在以色列控制的贝鲁特难民营屠杀数百名巴勒斯坦平民。

1983年2月21日，《时代周刊》头版头条报道了这场大屠杀，称事件起因是沙龙与黎巴嫩民兵组织合谋，共同策划并暗杀了信仰基督教的黎巴嫩前总统贝希尔·杰马耶勒（Bashir Gemayel）。沙龙先后在以色列境内和纽约将《时代周刊》告上法庭，并陷入旷日持久的诉讼过程中。其间，无论是以色列还是美国法院，均发现《时代周刊》的指证纯属污蔑。最后，整起诉讼案以《时代周刊》请求庭外和解并公开致歉结束。事后，沙龙公开表示："整个过程虽然漫长而艰难，却终于有了回报。我来这里是为了证明《时代周刊》撒了谎。事实证明，我们的确成功证实了这一点。"

沙龙一改铁血勇士的作风，在这场精心策划的造谣事件中维护个人声誉，并展示出高度的专注与决心。他明白，倘若连自己都不坚决为自己辩护，就更别指望别人来帮他。就这样，沙龙勇于挑战不实指控，并在案件结束后继续自己的生活。没有这些作为铺垫，就不可能会有后来恢复名誉、重返政坛的他。

号召他人与你并肩作战

为使职业重新步入正轨，无论你是全身心地投入战斗，还是战略性地暂时撤退，都十分有必要从一开始便动员他人，使他们加入你的战斗中来。朋友和熟人能为你提供支持与建议，这些在你重整旗鼓的过程中均起着举足轻重的作用。那些真正关心你的人能帮你明辨自身决策的好坏。此外，在你信任的人面前，你也更能释放出自己脆弱的一面。没有这种适当的示弱，我们将无从坦率地进行自我批判，进而无法从自身的经历中获得经验。不过，尽管亲朋好友为你提供着宝贵的个人支持，但在实际的职业建议方面，他们却可能爱莫能助。研究显示，"弱关系"其实比密友更能帮我们获得新的职业机遇。

斯坦福大学研究者马克·格兰诺维特（Mark Granovetter）曾开展过一项广受业界好评的研究。他发现，在通过私人关系找到工作的人群中，仅16.7%的人的工作是经好友（每周至少见面两次）介绍的，55.6%的人通过熟人（每年至少见面一次）介绍。然而，还有27.7%的人竟然通过平常交往不多的"弱关系"得到工作。人们与这些"弱关系"一年平均见面不到一次，"弱关系"包括大学同学、前同事或在行业协会中结识的人等。换言之，比起每周见面两次及以上的人，我们更可能从一年见面不到一次的人那里获得工作机会。这是因为你和你的密友拥有大致相同的人际关系网，没那么熟的人反而能为你介绍更多的新人。事实上，借助熟人网络的力量，只需几步，我们甚至可以触及世界上的任何一个人。

同理，在你努力克服职业挫折的过程中，看似与你无关的"弱关系"，往往是助你一臂之力的关键所在。

话说回来，拥有广泛的"弱关系"网还不够，人际关系的质量同样重要。在这方面，前文提及的家得宝创始人伯尼·马库斯就是一个典型案例。当初，马库斯自认名誉受到践踏，以莫须有的罪名被公司总裁桑迪·西格洛夫革职。马库斯公开表示："我个人觉得分外委屈，夜不能寐，沉溺在自己的悲伤情绪中不可自拔。自我成年以来，我一直想着如何将事情做得更好。但这是第一次，我开始思考如何先活下去。"

不过，马库斯拥有一种令他自己也始料不及的资源。他一向坦诚，尊重并信任他人，无论是亲密无间的朋友和同事，还是只打过一两次照面的人，他都一视同仁地对待。因此，当他需要帮助时，以往积累的好人缘给他带来了回报。在他认识的人中，有一个叫里普·弗莱明（Rip Fleming）的人在美国保险太平洋银行工作。正是这个平日里与马库斯交集不多的人，使马库斯创立家得宝公司成为可能。

当时,为了创立家得宝,马库斯自筹200万美元种子基金,但这些钱完全不足以使这家初创企业步入正轨。因此,马库斯向好几家银行申请贷款,不料一一被拒。最后,他找到弗莱明所在的银行。俩人一致认为银行家与客户间的关系不应停留于商业交易的表面。就这样,弗莱明以马库斯的投资顾问的身份,开始在汉迪丹公司兼职。尽管两人已有如此深厚的工作联系,弗莱明一开始并不愿意为马库斯提供贷款。后来,还是马库斯亲自飞到洛杉矶,用自己的商业构想成功打动了弗莱明。最后,保险太平洋银行向家得宝提供了350万美元的商业贷款,使家得宝获得了发展壮大的资金保障。对于这期间发生的曲折故事,就连马库斯本人也是后来才得知。原来该银行的贷款委员会一直反对为家得宝提供贷款,还是弗莱明直接闯入行长办公室,以辞职相威胁,才有了委员会同意发放贷款的决议。

我们建立人际关系的方式,极大地影响着职业挫折的恢复效果。马库斯擅长与人建立相对稳固的关系,哪怕这类关系对大多数人而言只是"弱关系"。一名领导者能否从职业挫折中恢复过来,很大程度上取决于其与人建立联系的能力。擅长建立人际关系的人,更有可能在身陷困境时让他人伸出援手。

恢复英雄本色

为了再创事业高峰,汇聚一群帮手还不够,你还得做出实绩,重新赢得更广泛的支持。为此,你必须恢复你的英雄本色。

伟大的领导者都有一种肩负崇高使命的英雄形象。要想建立这种形象,你可以将个人梦想与公众利益联系起来。当个人梦想被公众认可时,你的英雄形象将自然而然地树立起来。然而,无论出于何种原因,一旦你向公众传递的愿景不受认可,不仅你的个人梦想就此消散,你的公众形象也将轰然倒塌。遭受职业挫折后,当且仅当你有能力找回英雄本色时,你才能东山再起。换句话说,英雄本色就是你向公众展示出的形象。在此过程中,最关键的任务就是讲述你的故事,向公众传递你的思想。

为了捍卫公司及自身名誉,董事会在解雇一名首席执行官时,通常有意隐瞒解雇行为背后的真正原因。这就是为什么我们经常可以在新闻通稿中读到,某公司首席执行官"出于个人原因"或"为家庭考虑"而选择辞职。基于对被解雇首席执行官的访谈结果,我们发现,这些高管最不满的就是无力向公众讲述自己的故事,因而无法重建英雄形象。其中几人甚至表示,公司开出了高达七位数的遣散费,前提是自己卸任时必须遵照公司规定的口径说话。如果某首席执行官被冠以莫须有的罪名,在此过程中最受影响的莫过于其公众形象。此时,一旦这位首席执行官不敢挑战权威、以正视听,可导致媒体对其离职内幕进行具有破坏性的不实猜测,由此严重败坏其个人名誉。个人名誉一旦遭受重挫,将几乎不可能恢复如初。

公众通常认为，被革职的组织领袖应当签订禁止污蔑协议，接受非竞争性条款，然后拿钱走人。但我们坚信，这类协议和条款并非万能的。钱总有花完的一天，你在讲述自己的故事上却永无出头之日。倘若你同意保持沉默，恐怕就得做好连续多年失业在家的心理准备。

讲到这里，笔者不禁想起"安然事件"中更不为人知的一则旧闻。一个名叫丹尼尔·斯科托（Daniel Scotto）的人，当年是大型跨国投资银行——法国巴黎银行的金融分析部主管。很早以前，斯科托就对外表示，安然公司主流业务全线亏损，只有通过海外金融欺诈，才营造出有赢利能力的形象。法国巴黎银行当时正在承销安然公司债务中的一大部分，因而勒令斯科托撤回言论。被回绝后，法国巴黎银行强制斯科托休了三周病假，然后解雇了他。他们强迫斯科托签订了一份禁止污蔑协议，以此堵上了斯科托的嘴。此后，斯科托连续失业 5 年。

玛莎·斯图尔特（Martha Stewart）的例子则告诉我们，事情其实未必需要发展到这个地步。作为近年来成功讲述其故事的最知名首席执行官,斯图尔特以身作则,向世人展示了英雄形象的恢复方法。她的成功,来源于周密的计划。在这份计划中,她分步骤地逐渐恢复了自身名誉。

当时,美国联邦政府正在调查 ImClone 生物科技公司股票交易事件内幕。斯图尔特被联邦政府以阻挠司法公正为由起诉。次日,斯图尔特分别买下《今日美国》和《纽约时报》整页版面,并开设了名为"玛莎说"(marthatalks.com)的主题网站。她还在致公众的一封信中明确表示,想要还无辜的自己一个清白。直觉告诉斯图尔特,英雄的陨落将为民众带来心理上的矛盾,这种矛盾源于先前伟岸的形象与如今落魄的形象之间存在的落差。斯图尔特借助公开信说出了自己的故事,以此成功化解了民众的心理矛盾。她还公开否认一切有关其参与内幕交易的指控,并强有力地证明政府调查依据的三份证词作假。就这样,斯图尔特以非常主动的姿态,使民众继续对她的英雄形象抱有信心。

挂在"玛莎说"网站上的一封律师函,进一步支持着斯图尔特在公开信中传递的信息。这封律师函的起草者为斯图尔特聘请的两名律师:罗伯特·G. 莫尔维洛(Robert G. Morvillo)和小约翰·J. 蒂格(John J. Tigue Jr.)。他们在函中公开质疑政府行为,并号召媒体调查为何时隔一年半后的今天,政府才向斯图尔特发起公诉。两位律师在函中提出了这样的问题:"难道是因为在男性主导的商业世界中,身为女性的斯图尔特靠个人能力、努力和高标准获得了成功?"

在律师的帮助下,斯图尔特以一种巧妙的方式,将自己成功地塑造成《圣经》故事中的"戴维",在与"歌利亚"政府的斗争中无畏地追寻正义。人们不仅没有将她抛弃,反而还有广大的追随者簇拥在她周围。最终,民众呼声展示出了惊人的力量,并直观地反映在玛莎·斯图尔特生活全媒体公司的股价上。即便在斯图尔特受监禁期间,其公司股价不仅回升,增幅甚至达事发前股价的50%。监禁期满释放后,公司股价更是创历史新高,旗下若干杂志的广告收益飘红,斯图尔特本人亦创办了两档面向全美观众的电视综艺节目。斯图尔特向公众诉说的故事传播范围越广,她的追随者队伍就越庞大。

但如果你真的做了错事,说不出像斯图尔特那样令人信服的故事,又该怎么办呢?我们的建议是,万一你真的犯下不可饶恕的错误,索性展示出发自内心的懊悔。公众对真心悔过者的宽容常常大得超出预期。

证明你的毅力

灾难过后,敢于反击不实指控,维护个人声誉,并团结一切可团结的力量,都是在职业道路上重整旗鼓的重要前提。但最后,只有在你翻开职业的新篇章,或创立自己的组织后,才能真正从过去的阴影中走出来。当你向世人证明自己宝刀未老甚至能力更甚于昨日时,人们会认为你是个在职业挫折前有毅力的人。(详见下方《如何实现英雄归来》专栏。)

展示自己的毅力说起来容易，做起来难。跌下神坛的领导者在归来的道路上面临重重阻碍，其中最主要的莫过于人们对其重返高位的能力的质疑。正如一位曾被解雇的首席执行官所言："我永远不可能舒舒服服地坐着，说'有什么大不了的，不就是从头再来吗？'"然而，能够成功归来的领导者，从来都是那些能战胜自我怀疑的人。即使被迫脱离舒适圈、进入全新领域，一些领导者仍然延续了以往敢于冒险的作风。对力图实现基业长青的人而言，这种逆流而上的能力至关重要。它要求我们重拾破碎的自信心，重新证明自己的内在实力。

如何实现英雄归来

我们访谈了约 300 位曾经遭遇重大职业挫折的首席执行官及其他专业人员,同时结合作者本人的学术研究成果,既往承接的咨询项目及个人经验,最终总结出克服职业挫折的五个关键步骤。任何想要实现这一目标的人均可采用这些步骤,以赶上甚至超越过去的成就。

- 制订反击行动计划。反击的过程将不可避免地使人们将注意力集中于针对你的不实指控。即使最终获得胜利,这种胜利也将使你伤痕累累。但当你的名誉受到污蔑时,你必须尽快采取行动。
- 号召他人与你并肩作战。亲朋好友是你的后盾,或许还能在必要时给予你思想上的启发。但平日与你接触不那么多的"弱关系",或许正是为你带来下个工作机会的贵人。
- 恢复英雄本色。暂时失利的领导者通常被要求签署禁止污蔑协议。这种做法并不可取。相反，你该有序地发起反击，恢复个人名誉，重新找回英雄形象。
- 证明你的骨气。遭遇职业挫折后，你或许会怀疑自己能否重返高位。然而，克服不安全感是你必须完成的功课，并且你需要在此过程中找回证明自己的勇气，向他人、也向自己证明你还没有失去"魔力"。
- 重新发现你的英雄使命。伟大领导者独一无二的特征在于其心无旁骛地追寻自己的终身使命。为了克服职业挫折，有必要找到一项新的英雄使命，重新点燃你的热情，为你的生活赋予新意。

以米奇·德雷克斯勒（Mickey Drexler）为例。1983年，当 Gap（盖璞）服装品牌创始人唐纳德·费希尔（Donald Fisher）将德雷克斯勒从安·泰勒公司挖来时，Gap 正在商业竞争中苦苦挣扎。当时的 Gap 与其他服装品牌几乎没有差异，因而陷入白热化的价格战中。德雷克斯勒加入 Gap 后，开辟了包括"Gap 儿童服饰"、"Gap 婴幼儿服饰"及"Gap 内衣"在内的多个子品牌，并主持收购了 Banana Republic（香蕉共和国）及 Old Navy（老海军）等服装公司，以进一步丰富 Gap 集团的服装生产线。因为德雷克斯勒的加入，Gap 集团 1983—2000 年的销售收入由 4.8 亿美元飙升至 1 370 亿美元，股价增长了 169 倍。

就在这时，事态开始急转直下。业界认为德雷克斯勒不再是往常那个"时尚先驱"，华尔街的分析师和媒体从业者怀疑 Gap 产品已经过时了。连续两年内，同一 Gap 店面的销售额每季度持续缩减，集团股价跳水幅度达 75%。尽管有人认为真正的问题在于费希尔的弟弟盲目增加店面数量,但众矢之的仍是德雷克斯勒。2002年5月21日,德雷克斯勒向集团董事会呈报了新款信息,胸有成竹地认为自己能在秋季打一场翻身仗。然而,董事会并不满足于此。就在次日,费希尔解雇了德雷克斯勒,理由是如今公司规模太大,已不能像过去那样放任德雷克斯勒亲力亲为的管理风格。

此时的德雷克斯勒虽已积累了足够的个人财力,却下定决心要证明过去两年来的失败并非因他一人而起,且他的个人能力尚未得到充分发挥。他深知,找回自信和他人信任的唯一方法,就是在新的工作岗位上再次证明自己的专业实力。于是,他回绝了Gap提供的数百万美元遣散费,只因这笔钱的附加条款是签订一份非竞争性协议。之后,德雷克斯勒研究了若干工作机会,终于在时装品牌J. Crew中发现了自己重新大放异彩的机会。

当时的J. Crew仅有大约200家门店,规模与Gap相比实在无异于小巫见大巫。但也正因如此,J. Crew更适合德雷克斯勒发挥亲力亲为的管理风格,从而为他创造了改变现状的机遇。德雷克斯勒拿出 1 000 万美元,从美国得克萨斯州太平洋投资集团购得 22% 的 J. Crew 股份,其月薪甚至不及他在 Gap 任职期间的 1/10。接管 J. Crew 后不久,德雷克斯勒就在《纽约》杂志的一篇采访中笑谈:"为了管理这家公司,你们简直无法想象我到底贴了多少钱。"

结果充分证明,德雷克斯勒的确实力超群。2003 年,J. Crew 的销售损失高达 3 000 万美元,却在一年后扭亏为盈,成功实现了 3 700 万美元的销售额。从服装零售业的关键指标来看,J. Crew 同一店面每平方英尺[①]销售额由 338 美元升至 400 美元,增幅达 18%。相较之下,Gap 同一指标反而下降了 3 个百分点。至 2006 年夏,德雷克斯勒不仅使 J. Crew 销售额与利润同时增长 20%,还雄心勃勃地计划上市。媒体争相报道他重登职业巅峰,并对其超凡的商业经营能力大加赞赏。

---

① 1 平方英尺 ≈ 0.093 平方米。——编者注

对德雷克斯勒等领导者而言，要想重登职业巅峰，需要在某个极其艰巨的环境中证明自身价值。创业或扭转颓势，都是一时失利的领导者通常选择的路。只有在这类情况下，领导者才能找回证明自己的毅力：他们宝刀未老，并且在归来的道路上所向披靡。

重新发现你的英雄使命

多数伟大的领导者渴望取得流芳千古的终生成就。这不是说他们想让自己的大名镌刻在常春藤名校的牌匾上，他们想通过创建并领导一个组织，以推进社会进步。这便是所谓领导者的"英雄使命"。

本文提及的领导者多半在遭遇职业挫折前就已深度参与社会发展事务。对领导者个人而言，真正的灾难不是别的，正是丢失了自己的"英雄使命"，进而威胁其达成终生成就。例如，1985年史蒂夫·乔布斯（Steve Jobs）被苹果公司解雇的那天，其友麦克·穆里（Mike Murray）

由于太担心乔布斯的精神状况而跑到他家中，与他促膝长谈几小时。最后，穆里直到确定乔布斯没有自杀倾向后才敢离开。

被革职的乔布斯并未消沉太久。仅一周后，他便飞到欧洲。他先是在巴黎待了几天，随后飞到意大利北部托斯卡纳山区，在那里买了一辆自行车和一个睡袋。他用这些工具在山区露营，思索自己的人生何去何从。接着，他又从意大利前往瑞典，后来又到了俄罗斯，最后才打道回府。回到加利福尼亚的他带着重燃的热情和野心，力图将自身打造成IT（信息技术）界的一股新势力。不久后，他便创建了一家名为"NeXT"的电脑公司。该公司后来于1996年被苹果公司以4亿美元收购。那年，乔布斯重回苹果公司，并在幕后推动电脑图像制作公司Pixar成为炙手可热的明星企业。一回到苹果公司，乔布斯就用设计精良的划时代产品（如iMac、iBook和iPod）使公司重新焕发活力。与此同时，他还引领苹果公司进军包括iTunes（数字媒体播放应用程序）在内的新兴商业领域。

同玛莎·斯图尔特一样,乔布斯成功找回了自己最初的"英雄使命"。一些被迫离职的领导者需重新开始,由于原先熟悉的领域对其关上大门,他们必须另寻出路,并找到全新的"英雄使命"。

这种情况正是迈克尔·米尔肯(Michael Milken)的真实写照。曾在美国德崇证券就职的他是金融界传奇人物,人称"垃圾债券之王"。米尔肯的人生可谓追寻"美国梦"的代表。他生于7月4日,四十来岁时已是亿万富翁,成为全球最具影响力的金融大鳄之一。然而,就在这时,米尔肯的人生急转直下。他被美国证监会以"涉嫌从事内幕交易、代人持股报假、操纵价格、敲诈勒索及欺诈顾客"等98项罪名为由,提起大规模民事诉讼。最后,米尔肯承认犯下其中6项轻罪。1990年11月,他被法院判处10年有期徒刑,并被处以6亿美元罚金。后来,作为减少服刑时间的条件,他又偿付了额外的420万美元。服刑22个月后,米尔肯因配合检方调查其他案件而被提前释放。尽管如此,他仍被终身禁止涉足证券业。

一周后,米尔肯确诊罹患前列腺癌,并被告知只剩下12—18个月的生命。接到噩耗后,米尔肯很快将注意力转移到追寻新的"英雄使命"上来,以此对抗疾病带来的消极情绪。通过积极治疗,并搭配合理膳食,米尔肯发起成立了一家大型基金会,旨在支持前列腺癌研究工作。他还成立了一家经济研究机构,汇聚了全球最顶尖的科研、政治、宗教和商业领袖。自始至终,米尔肯都坚称自己受到了不实指控。虽然这一点尚存争议,但几乎没有人会否认米尔肯在职业领域归来的事实。在公众眼中,米尔肯已经为自己犯下的罪孽付出代价,甚至还有人建议为他翻案。

使史蒂夫·乔布斯、迈克尔·米尔肯及吉米·卡特等领导者有别于普通大众的,正是他们对"英雄使命"心无旁骛的热烈追寻。也正是这种执着,吸引并激励着他们的追随者。当陷入人生最低谷时,一名领导者硬生生地被剥夺了日夜追寻的人生目标,由此带来的空虚感和自我怀疑可想而知。找到新使命、替换原先定下的终生奋斗目标固然伴随着常人无法想象的挣扎，但要想走出低谷，就必然得经历一番浴火重生。

上述领导者跌宕起伏的人生故事看似遥不可及，甚至还可能已经上升到近乎玄学的层面。然而，从他们的经历中，我们能够总结出有关如何克服职业挫折的重要经验。需要注意的是，尽管各行各业都有可能重新杀出一匹曾经跌落悬崖的黑马，但不同领域奉行的职业准则各不相同，进而为领导者的归来带来不同程度的挑战。例如，身陷桃色丑闻的牧师或将无法重拾宗教事业，而发生同样事件的明星不仅可能继续混迹于娱乐圈，反而还可能因此博得更多关注。换言之，一个职业领域尊崇品行端正，另一个职业领域可能以名气大小论成败。因此，领导者在制订归来计划时，必须将行业文化充分考虑在内。

无论身处哪个行业，请谨记一点：每个人都有权选择自己的人生，哪怕失败者也不例外。健康、爱人、工作都可能离我们而去，但还有一些东西可以重回我们身边。成败的标准仅取决于个人。除非甘拜下风，否则没有人能使我们屈服，也没有人能浇灭我们心中的希望和骄傲。除非自己停止思考，否则谁也不能偷走我们的创造力、想象力和职业技能。只要自己永不放弃，就没有人能阻止我们重新攀上人生的巅峰。

作者简介

杰弗里·A. 索南费尔德

美国耶鲁大学管理学院管理实践学教授、高管深造项目高级副主任、耶鲁大学高管领导力研究院院长。

安德鲁·J. 沃德

美国佐治亚大学管理学助理教授。本文摘自两位作者合著的同名书籍《反击的艺术》（*Firing Back*）（哈佛商学院出版社，2007）。

六

肖恩·埃科尔（Shawn Achor） | 文
米歇尔·吉兰（Michelle Gielan）

恢复力是振作，而非忍受

作为家有两岁孩子的"空中飞人",我们夫妻俩有时不禁感慨自己在飞机上能做的事情简直少得可怜,尽管这段时光使我们得以暂时远离电话和朋友,也不必陪孩子看动画片《海底总动员》(*Finding Nemo*)。登机前,我们会火速完成各项准备工作:打包行李,过安检,与同事打完最后一通工作电话,向另一半致电道别,然后登机。接着,当我们试图利用机上这段无人打扰的美妙时光时,到头来却发现一事无成。更要命的是,等飞机落地,我们刷新邮箱或一遍又一遍地读完同样的研究报告后,却发现自己早已疲惫得无法继续处理永远堆积如山的邮件。

为什么我们只是坐在机舱里无所事事,到头来却因为飞行筋疲力尽?为什么我们不能痛下决心,强力达成登机前为自己订下的所有目标?经过一番研究,我们发现真正的问题无关日程繁忙或飞行本身,而在于我们对"恢复力"的理解有误,进而造成了过劳的问题。

筋疲力尽时,我们通常采用军事化的"强硬"手段,咬牙强迫自己挺住。我们想象自己是一名在泥地中跋涉的海军陆战队员，是绝不趴下、誓要再战一局的拳击手，或是强打精神、坚持上场的足球运动员。我们相信，坚守的时间越长，我们就越坚韧，人生就会因此而更成功。然而，这一整套概念都与科学原理背道而驰。

恢复期的极度缺乏，极大抑制着人类恢复力的整体水平，进而有碍成功潜能的充分发挥。研究结果显示，缺少恢复期是引发健康和安全问题的直接原因之一。[1] 无论是将工作中的思虑带进睡眠，抑或目不转睛地盯着手机而使大脑持续兴奋，这些缺乏恢复期的表现每年为企业带来高达 620 亿美元（是的，你没看错）的生产力损失。[2]

不过，停止工作并不意味着我们就在恢复。"下班"时间可能是下午 5 点，但我们的工作并未就此打住。我们会在夜间想着工作问题的解决方法，边吃晚餐边谈工作，并想着明天的工作任务入眠。挪威研究人员上个月发表的一项研究结果显示，7.8% 的挪威人成了工作狂。[3]

这些研究者将"工作狂热主义"定义为"过分关注工作，在工作领域的动力强大到不受个人控制，并且因为在工作上投入过多时间和精力，而损害了人生的其他重要方面"。[4]

我们认为该定义同样适用于绝大多数美国工薪阶层（也包括《哈佛商业评论》的读者），因此在美国开展了一项有关工作狂的研究。我们从某大型医疗企业内部采集了大量数据，用以探究技术如何延长了我们的工作时间，并干扰着人类必要的认知恢复。我们认为，正是这些干扰，使美国人民承担着高昂的医疗成本，并使美国企业存在着人员流动性高的问题。

我们有关"恢复力"的错误观念始于我们小时候家长的灌输。有的家长对自家读高中的孩子熬夜到凌晨3点完成科学竞赛项目的做法大加赞赏，这简直是对"恢复力"的极大曲解！一个有恢复力的孩子，应该享有充分的休息。试想，如果让学生拖着疲惫的身躯开车上学，那么他或许就是一个潜在的"马路杀手"。此外，他还没有足够的脑力用于考好英语测试,在朋友面前容易失控,在家里又可能对父母恶言相向。过劳与疲惫是恢复力的大敌。当我们进入职场,儿时养成的坏习惯只会进一步放大。

阿里安娜·赫芬顿(Arianna Huffington)在其名为《睡眠革命》(*The Sleeping Revolution*)的精彩著作中写道:"我们打着'提高生产力'的旗号牺牲睡眠时间,却怎么也没有料到,被剥夺的睡眠每年使我们每人损失11天的生产力,大约相当于2 280美元。"

从生物学来看,实现恢复力的关键在于全力以赴地工作,然后休息,再工作,再休息。作为生物学中的一项基本概念,"稳态"(homeostasis)指的是大脑不断恢复并维持健康的能力。[5]美国得克萨斯州农机大学积极神经科学家布伦特·富尔(Brent Furl)发明了"动态平衡价值"(homeostatic value)这一术语,用以描述某些行为对于创造人体动态平衡的价值大小。一旦人体因为过劳而失衡,我们将不得不花费大量心理和生理资源,才能重新恢复平衡。而在恢复平衡前,我们将无法正常工作和生活。

正如吉姆·勒尔(Jim Loehr)与托尼·施瓦茨(Tony Schwartz)在《精力管理》(*Power of Full Engagement*)一书中写道,倘若一个人过分持续地处于呕心沥血的状态,其所需的恢复时间也更长。如若没有获得良好恢复,就将引发过劳问题。为了克服暂时偏低的表现水平,我们不惜动用自身所有资源,强打精神,即所谓的"上调"(upregulation)。然而,这种做法不仅无益于精力恢复,反而能使疲惫感进一步加重。因此,我们越是过分地投入工作,恢复活动所需的价值就必须越高。压在我们肩头的工作量越大,恢复期的价值便相应升高。

那么,我们究竟如何才能有效恢复呢?在多数人的观念中,只要停止手边的工作,如写邮件或论文,大脑将自然而然地进入恢复状态。等到当天晚些时候或次日清晨,当我们重新开始工作时,精力又会源源不断地涌来。可以肯定的是,正在读这篇文章的你,或多或少都有过躺在床上辗转反侧，脑中因为工作而思绪翻飞的时候。一连躺上 8 小时看似在休息，实则并不能减缓次日醒来后的疲惫感。这是因为停工不等于恢复，休息也并不能与恢复画上等号。

尝试在工作环境中进行恢复时，你需要预留足够的内、外部恢复期。研究者弗雷德·R. H. 泽尔斯特拉（Fred R. H. Zijlstra）、马克·克罗普利（Mark Cropley）及利夫·W. 吕德斯泰特（Leif W. Rydstedt）在 2014 年联合发表的一篇论文中表示："内部恢复指的是较短的放松期，可在日常工作日发生，形式如定期或不定期小憩、暂时切换任务以转移注意力等，以使暂时耗竭的生理或心理能量获得补充。外部恢复则指发生于工作环境以外的放松期，如周末闲暇时光、假期等。"[6] 如果你在下班后回到家中，要么沉迷于阅读手机上的政论，要么忙着思索如何翻修家居，这时你的大脑其实并未从高强度的心智状态中获得休息。正如身体一样，我们的大脑同样需要休息。

如果你真想建立恢复力，不妨从学会有技巧地休息开始。为自己营造内、外部恢复期，以此获得继续全力以赴的本钱。耶鲁大学商学院教授艾米·布兰克森（Amy Blankson）在其作品《幸福的未来》（*The Future of Happiness*）中，教我们利用一些小技巧，在白天有选择地停下来休息，以免出现过劳问题。[7] 她还建议读者下载相关手机软件，如 Instant、Moment 等，用来监测我们每天唤醒屏幕多少次。据统计，每人平均每天查看手机的次数竟达 150 次之多。[8] 倘若每次只花 1 分钟开小差（这已然是最保守的估算），那么平均每人每天花在"不务正业"上的时间合计 2.5 小时。

你也可以使用诸如 Offtime 或 Unplugged 之类的手机软件，通过设定"自动飞行模式"，进入暂时不受科技产品打扰的世外桃源。此外，你还可以每隔 90 分钟刻意休息一次，以促进精力的尽快恢复。不要总是在自己的办公桌前吃午餐，相反，不妨和朋友边聊边吃，而且避谈工作。最后，该休的假也要全部休掉，这样不仅能为自己争取到恢复期，还能借机提高生产力，进而提高未来职业晋升的可能性。[9]

就我们夫妻俩而言，我们已经开始实践"飞行期间绝不碰工作"的规矩，并利用这段时间达成深度恢复。事实证明，这种做法的效果好得惊人。以前，我们通常在登机前就已累到不行。再加上机舱内拥挤的空间和断断续续的网络信号，进一步增加了我们正常工作的难度。如今，我们选择随遇而安，在飞机上放松、冥想、睡觉、观影、写日志或只是听听娱乐性的有声播客。这样，当我们下飞机时，焕然一新的精神状态使我们又有了重新投入工作的可能。

作者简介

肖恩·埃科尔

《纽约时报》畅销书作家，著有《快乐竞争力》(*The Happiness Advantage*)和《幸福原动力》(*Before Happiness*)，并做过主题为"高效工作的快乐秘方"的著名 TED（技术、娱乐、设计）

演讲。在全球 50 个国家的《财富》100 强企业中，1/3 的企业曾请他做演讲或研究。其他合作机构有美国职业橄榄球联盟、五角大楼和白宫等。肖恩还与奥普拉·温弗瑞电视网合作开设了《21 天激发正向改变》系列课程。

米歇尔·吉兰

曾为美国哥伦比亚广播公司新闻主播，后进入宾夕法尼亚大学从事积极心理学研究。现为畅销书作家，著有《传递积极的能量》(*Broadcasting Happiness*)一书。目前，她正与阿里安娜·赫芬顿（*Arianna Huffington*）合作研究励志故事对人类成功的切实影响。

注释

1. J. K. Sluiter, "The Influence of Work Characteristics on the Need for Recovery and Experienced Health: A Study on Coach Drivers," *Ergonomics* 42, no. 4 (1999): 573–583.
2. American Academy of Sleep Medicine, "Insomnia Costing U.S. Workforce $63.2 Billion a Year in Lost Productivity," *ScienceDaily*, September 2, 2011.
3. C. S. Andreassen et al., "The Relationships Between Workaholism and Symptoms of Psychiatric Disorders: A Large-Scale Cross-Sectional Study," *PLoS One* 11, no. 5 (2016).
4. C. S. Andreassen et al., "Psychometric Assessment of

Workaholism Measures," *Journal of Managerial Psychology* 29, no. 1 (2014): 7–24.
5. "What Is Homeostasis?" *Scientific American*, January 3, 2000.
6. F. R. H. Zijlstra et al., "From Recovery to Regulation: An Attempt to Reconceptualize 'Recovery from Work'" (special issue paper, John Wily & Sons, 2014), 244.
7. A. Blankson, *The Future of Happiness* (Dallas, Texas: BenBella Books, forthcoming 2017).
8. J. Stern, "Cellphone Users Check Phones 150x/Day and Other Internet Fun Facts," *Good Morning America*, May 29, 2013.
9. S. Achor, "Are the People Who Take Vacations the Ones Who Get Promoted?" *Harvard Business Review* online, June 12, 2015.